혼자 사는 사람들을 위한 주거 실험

혼자 사는 사람들을 위한 주거 실험

어울려 살면서도
간격을 지키는 공간의 발견

조성익 지음

웅진 지식하우스

◆

혼자의 시대,
함께의 집

2년 전 여름, 사무실로 설계를 의뢰하는 이메일이 왔다. 의뢰인은 1인 가구를 위한 공유주택을 계획하고 있으며 프로젝트의 이름은 '맹그로브'라고 했다.

'맹그로브 프로젝트'는 1인 가구를 위한 대안 주거를 만드는 시도입니다. 우리가 이 프로젝트를 추진하는 목적은 가격에 비해 질이 낮은 1인 주거에 대안을 제시하려는 것도 있지만, 그들이 함께 모여 사는 경험을 통해 더 나은 사람으로 성장하는 계기를 만들 수 있을 것이라는 가설이 있

기 때문입니다.

요컨대 1인 거주자를 위한 공유주택을 지으려고 하는데, 살다보면 좀 더 괜찮은 사람으로 성장할 수 있는 집으로 설계해보자는 것이었다. 이런 거창한 요청에 앞서 내 눈에 들어온 것은 정중하고 군더더기 없는 문장이었다. 건축설계를 의뢰하는 건축주들의 언어는 대부분 들떠 있다. 새로운 건물이 품어줬으면 하는 바람을 상자에 물건을 채워 넣듯 빽빽하게 적어 보내기 마련이다(설계는 그 상자를 차곡차곡 정리하는 일부터 시작된다).

그런데 맹그로브 측에서 보낸 이메일은 신중한 목소리로 건축가에게 하고자 하는 일의 최종 목적지만을 간결하게 알려주고 있었다. 단정히 정돈된 이메일 내용 중에서 건축가인 내 마음을 끈 것은 다음의 구절이었다.

우리는 미래의 삶을 계획할 때, 그리고 나와는 다른 사람과 관계를 맺을 때 서투른 점이 많습니다. 어떤 방법이 있는지 혼란스럽고 어렵기만 합니다. 비슷한 고민과 욕구를 가진 사람들이 동아리를 만드는 것처럼, 비슷한 생애 주기에 비슷한

고민을 가진 사람들이 함께 모여 살면서 공통의 문제를 해결해나갈 수 있다면 어떨까요?

근사한 제안이었다. 어찌 보면 놀랄 만큼 이상적인 생각이었지만, 생각해볼수록 마음이 움직이는 제안이었다.

지금까지 8인용 소파가 들어가도록 거실을 넓게 만들어 달라는 요청은 무수히 받아왔지만, 거실에서 이웃과 나누는 대화를 통해 우리 사회의 행복 지수와 포용력이 높아지기를 원한다고 의뢰하는 건축주는 처음이었다. 게다가 1인 가구를 위한 공유주택인 코리빙하우스co-living house는 몇 해 전부터 내가 염두에 두던 건축적, 사회적 문제의식과 직접적으로 연관되었다. 1인 가구의 비율이 급속도로 늘어났음에도 불구하고, 여전히 집은 과거의 방식에서 벗어나지 못하고, 1인 가구의 입맛에 맞는 주거 공간은 충분히 제공되지 않고 있었다.

그동안 집은 두 가지 대전제를 가지고 지어졌다. 가족과 직장이 그 두 축이다. 우리 사회의 평균에 해당하는 사람들은 아침에 직장으로 출근하고 열심히 일하다가 퇴근해서 집으로 돌아온다. 아늑한 집에서 가족과 함께 따뜻한 밥과

된장찌개를 나눠 먹고 잔다. 이미 직장에서 들볶일 대로 들볶인 사람이라면 집에서만큼은 가족 외의 타인과 얽히고 싶지 않을 것이다. 옆집에 사는 이웃과 뭔가를 같이한다는 생각도 하기 힘들다. 이때 집이란 나와 내 가족을 위한 성채이며, 보편적인 삶의 행복이란 효율적인 직장 공간과 아늑한 가족 공간 사이의 왕복운동이다. 하나의 가족을 사회의 최소 단위로 보고, 주변으로부터 안전하게 격리해주는 아파트가 우리의 주거로 최선의 해답인 이유였다.

그런데 언젠가부터 이런 흐뭇한 가족 드라마를 시큰둥해하는 사람들이 늘어났다. 이들은 출근도 안 하고 집에서 노트북으로 업무를 보지 않나, 스테이크를 1인분만 구워서 햇빛이 잘 드는 창가에 두고 사진을 찍더니 멀리 있는 친구에게 보여주는 일에 몰두하지 않나, 갑자기 제주도로 떠나서 한 달 씩이나 집을 비우질 않나, 보편적인 집의 입장에서 보면 어리둥절할 행동을 해댔다. 이들에게 집이란 살고 일하고 노는 공간이 결합된 전용 복합시설인 셈이다.

게다가 이런 사람들이 급속도로 증가하기 시작했다. 1인가구가 빠르게 늘어나고, 친구 두세 사람이 의기투합해서 함께 살기도 한다. 문제는 가족 중심으로 지어진 집, 그리고 출퇴근을 전제로 만들어진 도시가 하루아침에 이들의 삶에 맞춰 변신할 수 없다는 데 있다. 개성 넘치는 혼자만의 삶을 담아낼 집이 턱없이 부족한 데다, 있더라도 가격이 터무니없이 비싼 것도 문제였다.

이런 상황에서 등장한 것이 '공유 주거'다. 콘셉트는 단순하다. 원하는 집을 혼자 가질 수 없다면 함께 가지면 되지 않을까? 내 마음에 드는 동네, 나의 개성을 받아내는 공간에 살기 위해 지불해야 하는 높은 비용을 여러 사람이 나눠낸다면 원하는 집에 살 수 있다는 것이다. 하지만 이런 장점에도 불구하고 공유 공간에 살면 사생활을 침해받을 거라는 걱정 때문에 망설이는 사람들도 있었다. 이런 문제들을 건축적으로 어떻게 해결할 수 있을지 고민하고 있던 차였다.

주거 문제를 단순히 집값을 잡고 공급을 늘리는 문제라고 믿는 사람들 앞에, 개인의 자아가 성장하고 타인과의 관계를 맺는 방법을 배우는 집을 내놓을 수 있다면 얼마나 좋을까. 나는 집이 목적이 아니라 삶이 목적인 집을 짓는 일을 해보고 싶었다.

그렇게 나의 맹그로브 설계 프로젝트가 시작되었다. 열대 식물인 맹그로브는 얕은 바다에 숲을 이루고 자란다. 얽히고설킨 뿌리의 생김새 때문에 물고기, 문어, 소라가 들어와서 살기 좋다. 바다 속에 아파트를 지어두고 다양한 종에게 입주의 기회를 열어준 셈이다. 뿌리 틈 사이에 각자의 거처를 마련한 생명체들은 차단되지 않은 채 서로를 바라볼 수 있다.

맹그로브는 어울려 살면서도 혼자인 것처럼 살고 싶은 1인 가구 주거에 딱 맞는 이름이다. 이곳에는 각자의 사생활이 지켜지는 개인 공간과 함께 음식을 만들 수 있는 공동 주방이 필요하다. 개인 공간과 공동 공간을 쉽게 오갈 수 있는 구조로 설계해야 하고, 그 과정에서 마주침과 성장이 일어나야 한다. 이걸 어떻게 설계로 구현하면 좋을까?

짧지만 잦은 스침

"잘된 집은 말이야, 우리가 설명할 때 했던 말을 고객이 기억했다가 자신의 집에 찾아온 손님들에게 그대로 전달하게 되지. 우리 건축가들의 말

이 어느 틈엔가 거기 사는 사람들의 말이 되어 있는 거야. 그렇게 되면 성공인 거지."

마쓰이에 마사시, *『여름은 오래 그곳에 남아』*, 비채, 2016

소설 『여름은 오래 그곳에 남아』의 작중 인물인 건축가 무라이 슌스케 선생이 한 말이다.

건축가의 일이란 자신의 머릿속에만 존재하는 공간에 가구를 배치하고 사람을 살게 하며, 실제로 사용할 사람들의 심리에 감정을 이입하는 일이다. 이 감정이입이 얼마나 실제와 공명하는지가 건축가의 능력이다. 아직 지어지지도 않은 가상의 주방에 가족을 넣어서 아침 식사를 하도록 하고, 친구들을 모아 저녁 파티를 벌인다. 그리고 그 상황에 들어맞는 공간을 상상한다.

'다이닝 테이블 부분의 천장을 조금 낮추면 분위기가 좀 더 아늑해질 거야.'

'주방을 식당과 마주 보게 하면 대화가 많아지겠지.'

건축가는 경험치에서 나오는 가정과 상상 속에서 공간을 만든다. 그리고 이런 가정들은 신뢰할 만한 증거인 도면이나 투시도와 함께 건축주에게 전달된다.

맹그로브를 설계할 때, 나는 1인 가구의 마음에 감정이입하여, 이들이 이웃과 어떤 만남을 원하는지 시뮬레이션하는 데 대부분의 시간을 사용했다. 이를 위해 우리가 처음으로 한 일은 이 집에 들어올 사람들이 어떤 사람들인지를 알아내는 일이었다. 대체로 20~30대인 1인 가구들은 의衣와 식食의 소비, 취미와 휴식에 대한 자신만의 뚜렷한 견해가 있고 이를 실천하며 살고 싶어 했다. 잠재적 거주자들을 건축주로 생각하며 자신의 집에서 무엇을 원하고 무엇을 없애고 싶어 하는지 들어봤다. 이들과 함께 2층 침대가 들어 있는 6인실에서 자보고 공용 화장실을 사용해보면서 그들의 행동을 관찰했다.

이들의 요구를 정리해보면 다음과 같다.

> – 비용은 저렴하되 공간은 편안해야 한다.
> – 방이 클 필요는 없지만 답답하면 곤란하다.
> – 내 입맛에 맞게 꾸미고 살고 싶지만, 기본 편의
> 시설은 미리 갖춰져 있어야 한다.
> – 너무 근사한 동네일 필요는 없지만 걸어서 5분
> 거리에 맛있는 커피를 마실 수 있는 카페가 있
> 어야 한다.

모순되는 항목만 합쳐둔 듯한 이들의 요구 중에서 가장 핵심적인 사항은 다음과 같았다.

> *완벽하게 사생활이 보호되었으면 하지만, 그렇다고 혼자 고립되기는 싫다.*

혼자 사는 것이 좋아서 독립했지만 외로운 것은 싫고, 그렇다고 사람들과 과도하게 얽히고 싶지는 않다는 것이었다. 이 문제에 대해 우리가 낸 해결책은 함께 사는 사람들과 만남의 횟수를 늘리되, 그 시간을 짧게 하는 공간을 만드는 것이었다. '짧지만 잦은 스침'을 만들어서 타인과 만나는 기쁨을 늘리고 심리적 부담을 줄여주는 것을 설계의 핵심으로 삼았다. 그리고 이 짧은 만남 속에 교류의 스파크가 일어나도록 복도의 폭을 늘리고 거실에서 서로를 바라볼 수 있는 창을 곳곳에 설치했다. 주방은 요리를 하며 서로 눈인사를 할 수 있도록 공간을 구성했다.

2년간의 노력 끝에 집은 무사히 완공되었고, 1인 가구들이 입주하기 시작했다. 그러나 공동체의 변화를 이끌어내고자 한 나의 프로젝트는 여기서 끝이 아니었다. 진짜 중요한 후반전은 지금부터 시작되고 있었다.

주거 실험을 시작하다

짧지만 잦은 스침이 정말 우리가 의도한 대로 일어날까? 우리가 계획한 대로 이웃이 만나고 교류를 할까? 무엇보다 가장 중요한 목표, 건축주의 의뢰처럼 이 집에 살면서 개인이 성장하고, 공동의 문제가 해결될까? 맹그로브의 사용자들은 우리가 설계할 때 설명했던 말로 자신들의 삶을 설명하고 있을까?

어찌 보면 이런 의문은 무언가를 완성하고 나면 당연히 생기는 것이다. 자동차도 출시를 하고 나면 승차감과 안전도 테스트를 하고, 토스터 하나를 팔아도 빵을 구워본 고객에게 평가를 들어보는데, 건물처럼 복잡하고 거대한 물체에서 사는 사람들의 평가를 들어보지 않는 쪽이 오히려 이상하지 않은가. 그런데 실상은 그렇지 않다. 역사 속 위대한 건축가들조차 자기 마음에 드는 멋진 공간을 그리는 것에만 신경을 쓴 나머지, 거주자를 무시했다고 비난받아왔다. 비용을 댄다는 이유로 자신의 취향을 거주자들의 경험보다 우선시하는 건축주들 또한 이런 비난에서 자유로울 수 없다. 이들에게 사람들이 던지는 질문은 이것이다.

'당신의 생각이 맞는지, 살아보지도 않고 어떻게 알아?'

이들의 주장에 따르면 건축가와 건축주가 해야 할 진짜 중요한 일은 집을 짓고 나서 시작된다. 그 안에 살고 있는 거주자들을 찾아가서 의견을 들어보라는 것이다. 집의 장단점을 몸으로 경험하고 있지만 조용히 침묵을 지키고 있는 다수의 사람들 말이다. (전문 용어로는 이를 '거주 후 평가 post occupancy evaluation'라 부른다.)

맹그로브도 마찬가지였다. 우리가 세운 가설을 확인할 수 있는 유일한 방법은 설계를 하며 상상한 모습이 현장에서 일어나고 있는지 눈으로 보고 확인하는 일이었다.

나는 우리 사무실에서 설계를 담당했던 디자이너 현수에게 그 임무를 맡기기로 했다. 거주자들과 비슷한 또래인 그를 완성된 집에 들어가 살아보게 하면서 거주자의 행동과 감정을 기록하게 했고, 이를 설계 팀원과 함께 정기적으로 공유하며 분석했다. 파견 보낸 특파원이 우리에게 들려주는 이야기는 흥미진진했다. 우리는 거주자들이 우리의 의도대로 주방에서 서로에게 요리를 가르쳐주는 모습에 환호했고, 의도와는 달리 일어난 갈등에 당황하기도 했다. 사람들의 행동이 공간에 더해지자 설계 단계에서 했던 가정이 사실로 확인되기도 했고, 실패로 드러난 부분도 있었다. 그 과정에서 생각지도 못했던 더 좋은 해결책이 발견되기도 했다. 그 결과를 분석하고 들여다보는 과정에서 건축을 넘어 개인과 사회적 삶에 대한 깨달음이 하나둘 쌓여갔다. 이 책은 그 깨달음의 결과물이자 그동안 건축가들이 쉽게 보여주지 않았던 완공 후의 모습, 설계 이후의 이야기를 담고 있다.

잘 설계된 집에
산다는 것

혼자 있고 싶지만 외롭기는 싫고, 좋은 이웃과 어울려 살고 싶지만 적당한 거리를 지키고 싶은 것은 인간이라면 갖고 있는 우리 모두의 보편적인 욕구이다. 근원을 파고들면 그 핵심에는 정체성의 욕구와 공동체의 욕구가 자리 잡고 있다.

정체성이란 다른 사람과는 다른 나만의 본질적 특성을 말한다. 익명의 시대를 사는 우리에게 특히 필요한 것은 진짜 내가 누구인지 생각할 여유이다. 내게 의미 있는 일이 무엇이고, 내가 진심으로 좋아하는 것이 무엇인지를 알기 위해서는 가족, 회사, 동창회 같은 집단의 영역에서 벗어나 나를 찾는 고독의 시간이 필요하다.

또 한편으로, 우리는 외로움을 물리치고 성장의 계기를 마련해주는 공동체에 소속되어 살고 싶은 욕구가 있다. 고독의 시간이 과도할 경우 부작용으로 따라오는 소외감은 복도에서 잠시 마주친 이웃과 나누는 한두 마디 대화로 물리칠 수 있다. 열정적 독서가인 친구와 한 테이블에 앉아 이야기를 하고 나면 우리의 지적 욕구가 다시 불타오르곤 한다. 소속감과 성장의 욕구를 일상에서 해소하기 위해서는 가까운 곳에 이웃을 위한 공간을 마련해둬야 한다.

정체성과 공동체의 욕구를 만족시키는 것은 비단 1인 가구에만 국한된 문제가 아니라 점점 다양해지는 형태의 모든 가구들을 위해 집이 해결해줘야 할 보편적인 과제가 되었다. 만약 당신이 잘 설계된 집에 산다면, 당신은 자신의 개성을 발휘하면서도 이웃에게 웃으며 식사를 함께하자고 권하는 사람이 될 수 있다. 그렇게 정다운 대화를 나누다가도 시간이 되면 쿨하게 일어나 내 일을 하러 방으로 돌아가는 삶을 살 수 있다. 어디에 사느냐에 따라 나라는 한 사람의 특징이 결정된다. 집이 삶의 방식을 가르쳐주는 것이다.

그래서 나는 미래에 우리가 필요로 하는 집이란 단순한 주거 공간이 아니라 나와 타인에 대해 가르쳐주는 인생 학교라고 재정의하기로 했다. 이 책에서 보여주는 사례가 이 시대의 우리가 마주한 보편적 문제, 즉 더불어 살면서도 건강하게 자신의 고독과 마주할 수 있는 방법에 해답을 줄 수 있을 것이라 기대한다.

지금부터 나는 이 책의 독자들을 집 구경에 초대하려고 한다. 혼자 살지만 이웃과 의미 있는 교류를 하고 싶은 사람, 집에 사는 경험을 통해 성장하고 싶은 사람, 그리고 주거가 '문제'가 된 이 시대에 주거가 사회를 발전시키는 해법이 될 수 있다고 생각하는 여러분들이 초대의 대상이다. 그리고 여러분들에게 그 해법은 주거 정책이나 산업을 바꾸는 거대한 무언가가 아니라, 당장 우리의 주거를 바꿔나가는 일상의 실천에 있음을 실제 사례를 통해 보여주려 한다. 조명 하나, 가구의 배치, 의자의 높이만 살짝 바꾸어도 나와 타인을 대하는 우리의 자세가 달라질 수 있다. 이 책은 우리를 성장시키는 집의 설계 콘셉트부터 구현 과정, 완공 후 입주기, 집에서 성장하고 교류하는 사람들의 사례, 사람들을 통해 유연하게 변화할 수 있는 건축의 디테일한 팁들을 종합적으로 제시하고 있다. 건축가로서 건물을 설계했다면, 이제 나는 삶의 관찰자로서 설계 이후에 얻게 된 통찰을 책으로 기록하여 독자들과 공유하고자 한다.

자, 이제 특파원 현수를 따라 문을 열고 사람들이 모여 있는 거실로 들어가보자.

프롤로그

1. 어울려 사는 기술

2. 혼자 사는 기술

에필로그

어울려 사는

기술

◆

살아보기를
권함

　　　　우리의 주인공을 소개한다. 현수. 26세 남성. 건축 전공. 취미는 관상식물 키우기.

　전방 부대에서 수색대로 군 생활을 마쳤다. 적진에 수상한 움직임이 없는지, 어제 내린 비에 미상의 물체가 떠내려오지는 않았는지 샅샅이 뒤지고 다니는 일을 했다. 이번에 그가 맡은 임무는 조금 특이하다. 현수는 이제부터 자신이 설계에 참여한 건물에 거주하는 사람들의 행동을 건축 디자이너의 눈으로 관찰하고 기록해야 한다.

　나는? 건축설계를 가르치는 교수이자 건축가이다. 학교에서 설계 담당교수로 현수를 처음 만났다. 내가 미술 갤러리를 설계하라는 과제를 냈을 때, 현수는 무뚝뚝한 상자 모양의 건물 한가운데에 날카로운 예각의 창문을 뚫어 가지고 왔다. 딱 한 군데만 힘을 주겠다고 마음을 먹은 듯 섬세하게 디자인한 창문을 제외하고는 특별할 것 없는 무심한 건물이었다.

반짝거리는 디자인이라 할 수는 없었다. 그러나 우리 반 학생들의 디자인 중 어느 하나를 실제로 지어야 한다면, 현수의 설계가 선택될 가능성이 높았다. 설계 수업을 마치고 시간이 흐른 뒤, 현수로부터 우리 사무실에서 일해보고 싶다는 연락이 왔다.

맹그로브 설계에 참여하고 시공 현장에서도 일하게 된 현수는 학교에서 확인했던 특유의 꼼꼼함을 발휘했다. 문제에 부딪히면 빠짐없이 기록해서 보고했고, 해결책을 물어보면 잠시 입을 다물고 생각을 정리한 뒤 명확하게 의견을 전달했다. 건물이 거의 완성되었을 때쯤 현수에게 물었다.

"맹그로브에서 얼마간 살아보지 않을래요?"

오랫동안 설계를 하면서 내 마음속에는 증명이 끝나지 않은 가정들이 차곡차곡 쌓이고 있었다. 맹그로브의 입주자들과 비슷한 또래인 현수의 눈으로 확인해보고 싶었다.

"몇 달간 살아보면서 거주자 시각의 의견을 주면 좋겠어요."

"좋습니다." 이 대답만큼은 1초 만에 돌아왔다.

공사가 마무리되고 사람들이 하나둘 집을 구경하러 왔다. 몇몇은 입주 계약을 했고 이사가 시작되었다. 현수에게는 조건을 하나 달았다. 우리 사무실에서 월세를 지불하는 대신, 현수는 맹그로브에서의 생활을 매일매일 기록해야 했다. 나는 우리가 설계를 하며 가정한 일들 중, 맞아떨어진 것과 어긋난 것을 가감 없이 듣길 원했다. 현수는 건축가와 거주자 사이의 메신저가 되어야 하는 건축 수색대의 임무를 기꺼이 받아들였다.

이웃이라는 존재

이웃은 반갑고도 어색한 존재다. 현수가 맹그로브에 이사한 뒤 생긴 한 가지 고민은 건물에서 우연히 마주치는 이웃과 인사를 해야 하나 말아야 하나였다.

복도를 지나다가 혹은 공용 세탁기 앞에서 빨래를 기다리다가 누군가를 만나게 된다. 함께 살 이웃과 가볍게 인사라도 나눠두는 게 좋겠다는 생각이 든다. 하지만 먼저 인사를 건네는 것이 어색하고 어려워서 슬쩍 눈인사만 하고 지나친 적이 여러 번 있다. 그나마 어색함이 덜어진 계기는 현수가 공용 주방에서 요리를 하며 자연스럽게 마주치는 사람들과 조금씩 이야기를 나누게 되면서부터였다고 한다.

어느 날 현수가 저녁 식사를 만들고 있는데 얼마 전에 맹그로브에 입주한 은주가 주방으로 다가왔다.

"뭐 하세요?"

"저녁 만들고 있습니다."

"메뉴가 뭔가요?"

"소시지 야채볶음입니다." 현수는 프라이팬을 살짝 기울여 보여줬다.

"맛있어 보여요."

"……"

맛있어 보인다는 말에 대한 대답이 왜 쩜쩜쩜일까. 그러나 현수는 지금 할 말을 찾고 있는 중이다. 맛있을까? 먹어봐야 알 텐데. 다시 은주가 물었다.

"그런데 양이 좀 많지 않나요?"

"……"

천만다행으로 이번에는 은주가 듣고 싶어 할 정답을 곧 이어 말했다.

"네, 만들다 보니……. 혹시, 같이 드실래요?"

은주와 함께한 식사는 즐거웠다. 소시지와 채소가 하나 둘 접시에서 사라지면서 두 사람의 대화가 이어졌다.

"맹그로브의 주방은 누군가와 함께 요리하는 데 최적화되어 설계되었죠. 그래서 다세대 주택에 살 때보다 더 자주 요리를 하게 되는 것 같아요."

설계팀의 일원으로서, 그는 주방의 구조와 쓰임새에 대해 은주에게 해줄 얘기가 많았다.

"내일은 뭘 해서 드실 건가요?" 은주가 물었다.

"음…… 오야코동을 시도해보려고 합니다."

"아, 그럼 같이 만들어요!"

나중에 현수가 이 정겨운 에피소드를 들려주었을 때, 팀 사람들은 모두 호들갑을 떨며 좋아했다. 우리가 맹그로브의 주방을 디자인하며 의도했던 일이 그대로 맞아떨어졌기 때문이다.

맹그로브의 공용 주방은 거실을 바라보도록 배치된 조리대에서 요리를 하고 있으면 주방으로 들어오는 사람과 자연스럽게 눈이 마주치도록 설계되었다. 여기서 스치듯 시작된 한두 마디의 대화가 함께하는 식사로 이어진다. 타인들이지만 친근하고 다정한 이웃이 모인 집이 되는 것이다. 그것이 우리가 그린 주방의 모습이었다.

현수와 은주의 저녁 식사 얘기를 듣고 있으니, 마치 시나리오 작가가 무대의 앞줄에 앉아 자신이 집필한 대본의 한 장면을 보고 있는 기분이 들었다.

그런데 오야코동은 어떻게 됐을까?

다음 날, 두 사람은 시간 약속을 하고 주방에 나란히 서서 오야코동을 요리했다. 은주는 재료 다듬는 것을 도왔고, 현수는 양념을 신중하게 배합했다. 오야코동은 성공이었다. 그날의 대화도 역시 즐거웠다. 그런데,

"오야코동은…… 처음 해보는 요리라서 조금 걱정이 되었어요."

저녁 식사의 분위기가 좋았냐고 물었는데 현수는 의외로 당시의 심정에 대해 얘기를 꺼냈다.

누군가와 먹을 요리를 함께 만든다는 사실에 조금 부담을 느꼈다는 것이다. 오야코동은 현수가 처음 도전하는 요리다. 애초에 혼자 먹을 생각이었기 때문에, 인터넷에서 조

리법을 보면서 만드는 방법을 연구할 생각이었고, 맛이 없어도 어차피 자기 입에 들어가는 것이라 괜찮다고 여겼다.

그러나 은주와 함께 먹게 되면 어찌 됐든 맛이 좀 있어야했다. 은주의 입맛도 고려해야 한다. 양념이 너무 달다고 하지 않을까? 반쯤 익힌 계란은 좋아할까? 생각이 복잡해졌다.

식사는 즐거웠지만, 다음 약속으로 이어지지는 않았다. 은주와는 반갑게 인사를 나누는 사이가 되었고, 이후 자연스럽게 어울릴 기회가 몇 번 있었지만, 더 이상 함께 요리하고 식사하는 일은 없었다. 왜일까?

"혼자 먹을 때보다 훨씬 즐거운 식사 시간이었습니다."

"그런데요?"

"……."

3초간의 침묵 뒤에 의외의 답이 나왔다.

"그때 머릿속에 스쳐간 생각은, '내일 또 주방에서 마주쳤을 때 같이 저녁을 먹어야 하나?' 하는 부담감이었어요. 혼자 먹고 싶은 날도 있을 텐데 말이죠."

부담감. 혼자 사는 현수가 고작 이틀간 저녁을 같이 먹은 이웃에게 느낀 감정이었다.

좋은 거리감 만들기

살면서 확인해보니 설계 단계에서 우리가 계획했던 것 중에는 뜻대로 된 것도 있었고 아닌 것도 있었다.

예를 들어, 주방 근처에서는 사람들이 쉽게 친해지고 이웃이 되었다. 그러나 우리가 우연한 만남을 기대했던 복도에서는 다들 어색해하며 재빨리 방으로 들어가버렸다. 현수는 복도에서 누군가의 발소리가 들리면 잠깐 문 앞에 서서 이웃이 지나가기를 기다렸다가 밖으로 나간다고 했다.

이들이 만나고 이웃이 되는 문제는 생각만큼 쉽지 않았다. 독립 정신으로 무장한 1인 가구들은 자신의 삶이 조금이라도 타인과의 관계로 인해 침범당할까 봐 늘 불안해하는 것처럼 보였다.

설계를 시작하기 전, 코리빙하우스에 거주해본 경험이 있는 1인 가구와 인터뷰한 내용을 보자.

"바쁜 하루를 마무리하고 집에 돌아왔는데 다른 입주자들이 모여 맥주를 마시며 시끌벅적 시간을 보내고 있는 거예요. 피곤해서 가볍게 인사만 하고 방에 들어왔는데 왠지 나도 합류해야 할 것만 같은 느낌 때문에 마음이 불편했어요."

"굳이 그럴 것까지 없다는 걸 알지만, 다른 입주자들 눈치를 보게 되네요. 이럴 때는 눈치 보지 않아도 되는 집이 절실하죠."

지구가 45억 년 동안 태양 주위를 돌며 생명을 키워올 수 있었던 것은 태양과의 적정한 거리 덕분이다. 조금만 가까웠어도 불덩어리로 빨려 들어갔을 것이고 조금만 멀었어도 아무도 살 수 없는 얼어붙은 행성이 되었을 것이다.

공동체 속의 개인, 특히 개성이 강하고 독립적인 1인 가구는 어딘가에 소속된 것만으로도 부담감을 느낀다. 조금이라도 공동체가 가까워지려고 다가가면 개인들은 뜨겁다며 흩어져버린다. 그렇다고 전혀 손을 내밀지 않고 방치하면 이들은 차가운 고독 속에서 성장을 멈춘다. 사회의 초입에서 혼자 살기를 선택한 이들은 가족과 직장을 오가며 얻을 수 있었던 성장의 기회를 어떻게 얻을 수 있을까?

태양의 눈치를 보지 않고 햇빛만 적절히 잘 받으면 지구는 알아서 잘 돌아가게 마련이다. 이 적당한 거리가 유지되도록 맹그로브의 공간을 설계하는 일이 과제였다.

적절한 거리감을 만드는 방법으로 우리가 내놓은 대답

은 단순했다.

'짧지만 잦은 스침을 만들자.'

우리가 보기에 기존의 주거는 중간이 없었다. 한쪽에서는 너무 과하게 사생활을 보호했고, 다른 한쪽에서는 커뮤니티를 만들기 위해 지나치게 애쓰고 있었다.

적당한 거리에서 서로의 존재를 인지할 정도의 거리감을 만들어주는 것이 필요했다. 교류하고 대화를 유도하는 공간을 만드는 것도 중요하지만, 쑥스러움을 완화하고 만남의 부담을 덜어주는 집을 만드는 일도 못지않게 중요해 보였다. 깊은 관계를 맺기도 전에 지레 포기하지 않도록, 계단에서 지나치거나 주방에서 요리를 하다가 짧게 눈인사를 하며 스치는 기회를 만들어주고 싶었다.

열대식물 맹그로브의 가장 중요한 특징은 뿌리의 복잡성이다. 뿌리 사이에 작은 방, 큰 방이 다종다양하게 생긴다. 그래서 거대한 가오리도 들어오고 작은 새우도 살 수 있다. 이들은 분리된 공간 속에 있지만 뿌리의 틈으로 서로의 존재를 인지한다. 다른 생명체의 존재를 힐끗 쳐다보면서 물리적인 거리를 유지한 채 공생해나가는 것이다.

맹그로브의 뿌리처럼 함께 있지만 적당한 거리가 유지

되는 집이 우리가 추구한 방향이었다.

　건축주의 첫 요청으로 돌아가자. 집은 사람의 성장에 기여할 수 있을까? 집은 우리가 더 좋은 사람이 되도록 돕는 힘이 있을까? 짧지만 잦은 스침을 통해 사람들은 서로 좋은 거리감을 유지하는 이웃이 될 수 있을까?

◆

거실의 풍경이
달라지다

현수가 입주하고 얼마 지나지 않아서 〈구해줘 홈즈〉라는 프로그램에서 맹그로브를 촬영하러 왔다. 의뢰인의 상황에 맞게 집을 대신 찾아주는, 요즘 뜨는 일명 '집방' 예능이다. 촬영이 진행되는 동안 입주자들은 공용 라운지를 사용할 수 없었는데, 그 보답으로 맹그로브 운영자가 치킨과 맥주를 주문해주었다.

현수가 퇴근을 하고 라운지에 들르니 거주자 몇 명이 일찌감치 모여 주문한 음식을 먹고 있었다. 6층에 살고 있는 은주가 이야기를 꺼냈다.

"라운지에서 누가 텔레비전을 보고 있으면, 옆에 앉아 함께 보기는 어렵지 않나요?"

모여 있던 거주자들이 하나같이 고개를 끄덕였다. 그러고 보니 라운지에서 텔레비전을 보고 있는 사람은 늘 혼자였다. 일부러 텔레비전을 독차지하려는 것이 아닌데도. 현수는 이제 이유를 알 것 같았다. 소파에 앉아서 텔레비전을 혼자 보고 있는 사람 옆에 슬그머니 다가가서 "같이 봐도 될까요?"라고 묻는 것은 상당히 쑥스러운 일이었다.

텔레비전은 사람들을 한곳으로 모으는 역할을 한다. 텔레비전을 두면 거실에 가족들이 모이고, 기차역 대기 장소에 사람들이 모인다. 평범한 가정집이었다면 텔레비전은 당연히 거실의 한가운데를 차지하고 있을 터였다. 하지만 1인 가구들이 모인 코리빙하우스는 조금 사정이 다르다. 텔레비전을 보던 사람 옆에 편히 앉아 자신이 보고 싶은 채널을 요구할 수도 없고, 기차역의 텔레비전을 보듯 무심하게 앉았다 일어나기도 왠지 어색하다.

전혀 모르던 사람들이 만나 공유하는 거실의 텔레비전은 사람을 모으는 역할을 제대로 할 수 있을까? 만약 그렇지 않다면 코리빙하우스 같은 주거 형태에서 텔레비전은 필요 없는 물건일 수 있다. 사람들이 함께 텔레비전을 보리라는 관성에 의해 설치를 했지만, 오히려 거주자들이 친해지는 데 방해가 되는 물건이 되어버린 것은 아닐까? 라운지의 텔레비전은 어색하고 부자연스러운 상황을 만들고 있었다.

공용 공간에서
사적인 공간 만들기

텔레비전의 등장은 건축가의 일을 어렵게 만들었다. 텔레비전이 거실의 제왕으로 군림하자 소파, 테이블, 장식장은 왕을 향해 도열해야 했다. 건축가의 입장에서는 주거 구성원들이 서로의 얼굴을 바라보며 이야기를 나누는 모습을 기대하는데, 텔레비전이 거실의 주인공 자리를 차지하는 것이 영 못마땅한 것이다.

더 큰 문제는 거실의 공간 배치가 획일화된다는 점이다. 텔레비전이 놓일 자리를 미리 생각해서 공간을 설계할 수밖에 없고, 텔레비전과 마주 보는 소파 사이에는 시선을 가로막는 물건을 둘 수 없다. 거실의 한 면에는 채광을 위한 창문을 둬야 하니, 공간을 만드는 네 개의 벽 중 세 개를 각각 텔레비전, 소파, 창문에 써버린 셈이다. 결과적으로 우리 모두에게 익숙하고 뻔한 아파트 거실의 배치가 되어버린다. 건축가 입장에서 더 괴로운 점은 사람들 대부분이 그 공간에서 획일화된 행동을 하게 된다는 점이다. 가족들은 마주 보고 대화를 하기보다는 스크린을 향해 한 방향을 바라보고 있다.

이 독점적인 전제군주에 대한 건축가들의 반란 시도가 없었던 것은 아니다. 거실의 중심에 독서를 하도록 책장을 두거나 바깥 경치를 볼 수 있도록 창문을 향해 소파를 배치하는 등 그럴듯한 의견이 제안되었다. 하지만 정신을 쏙 빼놓는 예능과 드라마를 끊임없이 내보내는 텔레비전을 독서와 경치가 이기기는 쉽지 않았다.

그런데 여기서 생각지도 않던 영웅이 등장한다. 스마트폰과 모바일 기기가 텔레비전의 자리를 빼앗기 시작한 것이다. 가족들은 각자 손에 스마트폰을 들고 저마다 보고 싶은 영상을 보게 되었고, 온 가족이 텔레비전을 앞에 두고 앉는 일이 줄어들었다. 1960년대부터 시작되어 약 60년을 이어온 텔레비전의 통치가 막을 내리고 그 자리를 스마트폰이 차지한 것이다.

스마트폰을 통해, 사람들과 함께 있는 공간에서도 사적인 공간을 만들 수 있게 되었다. 이런 변화를 긍정적으로 받아들이면 '따로 또 같이' 공간을 사용할 수 있는 방법이 보인다.

모두가 스마트폰을 들고 각자의 화면에 시선을 고정시키자 처음에는 상황이 더 악화된 것처럼 보였다. 각자 자신의 스마트폰에 열중하는 시간이 늘어나면서, 사람들 간의 대화는 더 적어졌으니 말이다. 독재자가 물러가자 2인자들이 마구잡이로 등장하면서 상황은 더 뒤죽박죽이 된 것처럼 보인다. 심지어 두 살배기 아기도 스마트폰을 손에 쥐면 엄마를 쳐다보지 않는다.

그런데 이 상황을 꼭 부정적으로 볼 필요는 없다는 주장도 있다. 한 가구 회사의 연구소는 이런 인터뷰를 했다. "스마트폰, 태블릿, 헤드폰이 다른 사람과 함께 있는 새로운 방법을 창조했다. 사람들에게 둘러싸여 있는데도 사적인 공간에 있는 것 같은 느낌을 주기 때문이다."

카페에서 테이블 하나를 차지하고 스마트폰이 만드는 가상 세계로 빠져들면, 주변이 사람들로 북적이고 있어도 그곳이 내 사적인 공간으로 느껴지는 것과 같은 이치다. 공공의 공간에서 스마트폰을 쓰다 보면 마치 보이지 않는 커튼이 내려와 나만의 개인 공간을 가지게 되는 느낌을 받는다. 더 나아가 사람들은 이런 '공공 공간 속 개인 공간'을 더 아늑하게 느낀다. 아내가 소파에서 텔레비전을 보는 동안 옆에서 노트북으로 일하는 남편을 떠올려보자. 방에서 각자의 텔레비전과 노트북으로 놀이와 일을 하는 것보다 '모여서 따로' 하는 게 더 편안하다고 생각하는 사람들이 늘고 있다. 스마트폰을 통해, 사람들과 함께 있는 공간에서도 사적인 공간을 만들 수 있게 되었다. 우리가 함께 있는 새로운 방식이 생긴 것이다.

둘러앉음의 재발견

텔레비전이 일방향을 강요했다면, 스마트폰은 다多방향의 가능성을 열어준다. 일반적인 아파트를 떠올려보자. 현관에서 들어와 거실로 이르는 동선은 텔레비전이 놓인 거실로 향하는 막다른 골목에서 끝난다. 그러나 이제 공간과 가구는 텔레비전의 눈치에서 해방될 수 있다. 거실에 각자 원하는 방향을 보도록 가구를 배치하는 것이 가능해졌다. 어떤 방향으로 앉든 어차피 각자 자신의 스마트폰을 볼 수 있으니 말이다. 거실의 한가운데를 자유롭게 돌아다닐 수도 있다. 텔레비전을 가린다고 소리칠 필요가 없어졌기 때문이다.

그래서 제안한다. 코리빙하우스나 다인가족이 함께 사는 집이라면 거실을 '둘러싼 배치'로 꾸며보자. 텔레비전 대신, 소파와 의자가 가운데를 보도록 배치하는 것이다. 가운데에는 커다란 테이블을 둬서 앉아 있는 사람들 사이에 어느 정도 거리를 확보한다. 서로 간의 거리가 있어야 상대방의 시선에 부담을 느끼지 않고 각자 자기 일을 할 수 있다. 너무 멀어도 곤란하다. 노트북으로 일을 하다가 힐끔 다른 사람을 쳐다봤을 때 어떤 표정을 짓고 있는지 알 수 있어야 하니까. 한 변의 길이가 3미터 정도면 적절할 것이다.

　　이런 둘러싼 배치는 호텔의 로비에서 종종 찾아 볼 수 있다. 모르는 사람들과 함께 앉아서 자신의 일을 하다가 잠시 주변에 있는 사람들을 힐끔 쳐다보게 된다. 둘러싼 소파에 앉는다는 것만으로 생기는 연결된 감정이 어떤 것인지 체감할 수 있다.

　　개인 모바일 시대에 맞는 거실은 굳이 모든 사람이 하나의 대상을 응시할 필요가 없음을 깨닫는 데부터 시작된다. 타인의 얼굴을 스치듯 보게 만드는 것이 우리에게 더 자연스러운 유대감을 가지게 해준다.

　　이웃들이 느슨하게 연결된 코리빙하우스에서 이런 배치

사람들이 모이는 공간을 모두가 둘러앉을 수 있도록 꾸며보자. 잠시 눈을 들면 마주 앉은 사람의 얼굴을 볼 수 있다.

는 더욱 실력 발휘를 할 것이다. 우리가 스마트폰에서 잠시 눈을 떼고 얼굴을 들었을 때, 반대편에 함께 사는 사람의 얼굴이 보이는 정도로도 충분하다. 우리는 생각할 것이다. '저 남자는 뭘 저렇게 열심히 보고 있을까?' '저 여자는 어제도 저기 앉아 있었는데, 뭘 하는 분이지?' 적어도 주말 연속극의 주인공에 대한 관심이 나와 같은 공간에 앉아 있는 실제 인간에 대한 관심으로 옮겨갈 것이다. 그 정도면 족하다고 생각한다. 거실에서 텔레비전에게 패배해왔던 건축가 입장에서는.

◆

조금 특별한
주방의 탄생

　　　　기태는 현수가 맹그로브의 공용 주방에서 가장
자주 마주치는 거주자였다. 현수가 그의 요리를 보고 놀란
점은 그가 준비해서 먹는 음식의 종류였다. 중화풍 만두,
전복밥, 바지락 미역국…… 세계 각국의 가정식을 만들어
펼쳐 놓는다면 그런 모습일 것이었다. 기태는 자신의 인상
처럼 다정한 요리를 매일 저녁마다 척척 만들어냈다.

　어느 날, 퇴근을 하고 맹그로브에 돌아와보니 주방에서
기태가 요리를 하고 있었다. 오늘의 메뉴는 수제비였다. 그
릇에는 뽀얀 국물에 수제비, 감자, 애호박이 들어 있었다.
한 입 얻어먹어보니, 아주 푸근한 맛이 났다.

기태와는 맹그로브의 운영진이 마련한 행사에서 처음 만났다. 검은색 티셔츠 차림에 동그란 안경을 쓴, 친근한 동네 형 인상이었는데 대화의 주제가 무엇이든 자신의 에피소드를 섞어 이야기를 이어가는 것이 인상적이었다. 어떤 코스의 공도 가리지 않고 잘 받아내는 테니스 선수처럼 대화가 끊이지 않았다.

현수가 소시지와 채소를 함께 볶는 동안 기태는 조리대 앞에 놓인 식탁에 앉아 식사를 시작했다. 식사를 준비하는 타이밍은 어긋났지만, 조리대와 테이블이 마주 보고 있는 배치 덕분에 두 사람은 각자 할 일을 하면서 대화를 이어갔다.

내가 맹그로브 주방을 계획할 때 상상한 이상적인 모습이 이런 것이었다. 주방이 집의 중심이 되어 이웃끼리의 친밀한 대화가 시작되는 출발점으로 기능하길 바랐다. 이웃 간의 교류는 밥을 함께 먹으며 시작된다. 첫 데이트도, 국가 정상회담도 결국 테이블에서 먹는 일이 끼어 있지 않은가. 우리의 디자인 과제는 이것이었다.

"식사 시간에 입주자들이 서로 한마디라도 더 나누게 할 수는 없을까?"

현수와 기태가 코리빙하우스의 주방을 함께 사용하면서

음식을 먹고 대화를 나누는 모습을 다시 떠올려보자. 퇴근 시간도 다르고 배고픈 시간도 다른 개인들이 주방에 모인다. 만들고 먹는 타이밍이 조금씩 어긋난다. 한쪽에서 식사 준비를 하는 동안, 다른 사람은 한창 식사 중일 수도 있다. 어떤 사람은 그동안 먹은 자리를 정리하고 설거지를 한다.

음식이 준비된 식탁 앞에서 동시에 숟가락을 드는 가족의 식사와는 근본부터 다르다. 함께 먹고 함께 치우는 것이 가족의 저녁 식사라면, 제각각 자신의 일을 하며 스치듯 주방과 식당을 오고 가며 먹는 것이 코리빙하우스의 식사다. 이 부산한 움직임 속에서 어떻게 대화가 일어나도록 만들 수 있을까?

가장 이상적인 식사 공간

"가장 이상적인 식당은 어떤 공간일까?"

대학 시절, 건축설계 시간에 건축가로 활동하고 있던 교수님이 우리에게 물었다. 아늑한 공간이어야 한다, 분위기가 편해야 한다는 학생들의 몇몇 의견을 듣던 교수님이 뜻

밖의 말을 했다.

"기차 식당칸이 아닐까?"

당시의 새마을호 기차에는 꽤 괜찮은 식당칸이 객실 중간에 끼어 있었다. 지금같이 간이매점 수준이 아니라 나비넥타이를 맨 직원이 주문을 받고, 뜨거운 데미그라스 소스를 얹은 햄버그스테이크를 하얀 식기에 담아 가져다주는 제대로 된 레스토랑이었다.

"달리는 기차의 식당칸은 끊임없이 풍경이 변하니까, 지루함 없이 식사를 할 수 있지. 함께 먹는 사람과 이야기가 이어지기도 하고." 교수님이 말했다.

그 말이 인상적이었기 때문이었는지 나는 기차를 타면 자주 식당칸을 찾아가 식사를 했다. 점심 즈음, 조금 일찍 객실을 나와 식당칸을 향해 흔들흔들 걸어간다. 테이블에 앉으면 창밖으로 초록색 논밭이 길게 이어진다. 그러다 갑자기 눈앞이 어두워진다. 기차가 깜깜하고 고요한 터널로 들어간 것이다. 언제까지고 이어질 것 같은 어둠이 끝나고 다시 환하게 밝아졌을 때는 창밖 풍경이 빛나는 숲으로 바뀌어 있었다. 기차의 흔들림에 맞추어 그릇이 부딪혀 달그락달그락 소리를 냈고, 움직이는 풍경화를 바라보며 버터를 바른 롤빵과 양배추 샐러드를 먹었다.

이제는 추억거리가 되었지만, 기차 식당칸은 낭만이 있었다. 비행기의 기내식이 아무리 맛있다 한들, 닭장 속에 모이를 밀어 넣듯 좌석으로 날라주는 트레이 위의 음식일 뿐이다. 볼거리라고는 작은 스크린 속 영화가 전부니까.

지금 생각해보니 교수님의 질문과 대답에는 공간을 바라보는 다른 관점이 들어 있었다. 밥을 먹는 식당의 쓰임새에 움직이는 기차가 결합되면서 우리의 경험 폭이 넓어진다. 이상적인 식당을 꾸며보라고 하면 인테리어, 조명, 분위기 같은 내부 공간의 이미지에 집중하기 쉽지만, 사실 우리가 바라는 경험은 입이 음식을 음미하는 동안 눈을 둘 곳을 마련해주는 것이다. 움직이고 변화하는 것을 바라보면서 식사를 하는 것은 즐겁다. 스마트폰의 작은 화면을 보며 밥을 먹는 시간과 바람에 흔들리는 나무, 해변으로 밀려오는 파도, 거리를 씩씩하게 걷는 사람들을 바라보면서 밥을 먹는 시간은 너무 다르지 않을까.

누구도
소외되지 않는 주방

일반적인 주방과 식탁의 배치를 떠올려보자. 조리대는 대부분 벽을 향해 일자로 배치되어 있고, 식탁이 그 앞에 놓여 있다. 요리하는 사람은 벽을 바라보고 요리를 하고, 식탁에 앉은 사람은 요리하는 사람의 뒷모습을 바라보게 된다. 좁은 공간을 효율적으로 쓰는 방법이긴 하지만 만드는 사람과 먹는 사람의 시선이 마주칠 기회가 별로 없다.

반면 맹그로브의 주방은 독립된 조리대가 식탁을 향하고 있다. 요리를 하다 보면 식탁과 그 너머의 거실, 그리고 정문에서 들어오고 나가는 사람들과도 눈을 맞출 수 있다. 마치 활주로 위의 비행기를 한눈에 볼 수 있는 공항의 관제탑처럼, 요리를 하면서 공간을 조망할 수 있는 것이다.

반대로 식탁에 앉아서 식사를 하면 마치 무대의 배우들을 보듯 주방에서 요리하는 사람이 보인다. 정면으로 바라보면 서로 민망할 수도 있으니까, 옆으로 고개를 돌리면 볼 수 있도록 식탁을 조리대와 직각으로 배열하면 좋다.

이 배치는 누군가를 초대해서 여럿이 함께 식사를 할 때

먹는 공간과 요리하는 공간의 경계를 없애고
빙글빙글 돌아다니면서 대화의 기회를 늘리
는 주방을 만들었다.

도 장점이 있다. 사람들과 함께 밥을 먹는 시간에 흔히 일어나는 장면을 떠올려보자. '어, 간장이 없네.' '응, 내가 가져다줄게.' '혹시 김치 더 줄 수 있어?' '그럼, 갖다줄게.' 이런 자잘한 요청을 담당한 사람은 주방과 식탁 사이를 왔다 갔다 하면서 차차 사람들의 대화에서 소외된다. 식당이라면 종업원이 해야 하는 일을 집에서는 우리 중 누군가가 해야 하므로.

맹그로브의 주방 배치는 음식을 차리는 친구와도 이야기를 이어갈 수 있다. 커다란 조리대와 식탁을 중앙에 두고 지하철 순환선처럼 빙글빙글 돌아다니면서 음식을 준비하고, 뷔페처럼 늘어놓고, 대화하며 먹기에 좋다. 여기부터가 주방, 저기까지가 식당이라는 경계가 사라지고 요리, 식사, 대화가 뒤섞이는 분위기가 된다.

사소한 디테일이
만드는 변화

거주자들의 대화를 유도하기 위해 설계한 장치가 또 하나 있다. 주방 바닥의 높이를 식탁 바닥의 높이보다 약간 낮춘 것이다. 패밀리 레스토랑에서 직원이 주문을 받을 때 테이블 앞에서 무릎을 굽혀 눈높이를 맞추는 것을 본 적이 있을 것이다. 주문을 하기 위해 메뉴판에서 얼굴을 돌리면 자연스레 직원과 눈이 맞는다. 이 짧은 눈 맞춤 덕분에 내 테이블을 담당한 직원의 얼굴을 기억하고 추가 주문을 할 때 그 직원을 반갑게 찾게 된다.

앉아 있을 때의 눈높이와 서 있을 때의 눈높이는 약 30센티미터 정도 차이가 난다. 맹그로브에서는 서 있는 쪽 주방 바닥을 그만큼 낮춰서 식탁에 앉아 식사를 하는 사람과 요리하는 사람의 눈높이를 맞추었다. 대화의 확률을 조금이라도 높이려는 의도였다. 별것 아닌 것처럼 보이는 작은 차이지만 이런 눈 맞춤이 매일 반복되면 거주자들의 관계에 큰 차이를 만들 수 있다.

한 가지 더 있다. 주방 도구들을 같은 것끼리 두 개씩 둔 것이다. 주방에서 여럿이 일하는 모습을 상상해보면 그 이유를 알 수 있다. 만약 누군가가 싱크대를 차지하고 설거지를 하고 있다면 내 채소를 씻기 위해 한참 서서 기다려야 한다. 상대가 모르는 사람이라면 바짝 다가가서 기다리기도 민망하다. 상대방이 부담을 느낄까 봐 걱정도 된다.

서서 요리하는 사람의 눈높이와 앉아서 먹는
사람의 눈높이를 맞추기 위해 바닥을 낮췄
다. 작은 디테일의 차이가 대화의 확률을 높
인다.

동일한 두 개의 싱크대를 설치해서 설거지와 채소 씻기를 하는 입주자가 나란히 서서 일할 수 있게 만든 것도 그 때문이다. 같은 이유로 전자레인지도 동일한 제품 두 개를 두었다. 음식을 데우는 2분 동안의 기다림을 함께할 이웃이 옆에 있게 된다.

짧은 순간, 우리가 눈빛 교환을 하고 대화를 시작하도록 만드는 데에는 대단한 설계가 필요치 않다. 이런 작은 디테일 몇 가지가 이웃과 대화를 하느냐 마느냐를 좌우한다.

혼자 먹을 것인가,
함께 먹을 것인가

그리하여 맹그로브의 1인 가구들은 주방을 통해 이웃이 되었고 하하호호 어울려 잘 살았습니다! 이렇게 끝났다면 얼마나 좋을까마는 현실은 그리 간단치 않았다. 며칠간 주방을 사용해본 현수는 예상치 못한 요구를 들고 왔다.

"눈 맞춤 주방은 생각대로 돌아갔어요."

실제로 눈을 맞추며 요리와 식사가 동시에 이루어지는 공간이 되었다고 한다. 현수가 뒤이어 말했다.

"그런데, 혼자 먹고 싶을 땐 오히려 이런 주방이 불편하더라고요."

회사 일에 지쳐서 집에 돌아왔을 때, 대화고 뭐고 다 귀찮은 순간, 멍하니 혼자 밥을 먹을 수 있는 주방과 식당이 필요하다는 것이었다. 그렇다고 개인 방에 처박혀서 궁상맞은 '혼밥'을 먹기는 싫은 그 상황을 위한 공간 말이다.

현수가 말했다. "혼자 먹는 곳과 함께 먹는 곳이 살짝 분리되어 있어서 서로 보이기는 하지만 건드리지는 않는 공간이면 좋겠죠."

말하자면 일종의 혼밥 동굴이라는 것을 만들어두고, 그 안에 들어가 밥을 먹고 있으면 '오늘은 혼자 있고 싶어요'라는 암묵적인 메시지를 전달할 수 있는 공간이 필요하다는 것이다.

우리는 회사를 위해, 학교를 위해, 타인과 집단을 위해 '내가 조금 참지 뭐'라고 생각하는 데 익숙하다. 지친 퇴근길에도 공용 주방에 있던 무리들이 반가워하며 함께 식사하자고 하면 거절하기가 쉽지 않다. 문제는 이렇게 참는 일이 반복되면 아예 피해버리는 길을 선택하게 된다는 것이다. 편의점 도시락을 사 들고 조용히 내 방으로 올라갈 수도 있다.

공동체의 스트레스는 공동체에 등을 돌리게 만든다. 두 번 함께 밥 먹은 이웃에게 부담을 느끼기 시작한 현수의 고민도 이와 비슷하다. 해결책을 상상해보기로 했다.

비디오 게임을 시작하기 전에 싱글 플레이 모드냐 멀티 플레이 모드냐를 결정할 수 있다. 고독하게 악당을 물리치고 다니는 것도 가능하고, 온라인으로 접속한 누군가와 함께 모험을 해나갈 수도 있다.

싱글과 멀티 모드가 모두 가능한 식당을 만들면 어떨까? 함께냐 혼자냐를 마음대로 결정할 수 있는 식당을 만드는 것이다. 인사조차 하기 싫은 날은 싱글 모드 식당에서 먹고, 누군가와 얘기를 하고 싶은 날은 멀티 모드 식당에서 저녁을 먹다가 분위기가 좋으면 몇 사람 더 불러 모아 한잔할 수도 있다.

공간을 사용하는 사람을 상상해보면 이렇다. 주방으로 들어가기 전에 문 밖에서 슬쩍 상황을 엿본다. 이웃들이 네댓 명 모여서 왁자지껄 이야기를 나누며 저녁을 먹고 있다. 멀티 모드 식당에서 말이다. 미안하지만 오늘은 저기에 섞

일 기분이 아니다. 살그머니 싱글 모드 식당으로 향한다.

싱글 모드 식당에는 전자레인지 같은 간단한 취사도구만 갖춰져 있다. 어차피 상관없다. 빨리 즉석 밥을 먹고 치워버릴 생각이니까. 조리대와 식탁의 구분이 없어서 준비가 되면 그 자리에서 먹을 수 있다. 일종의 작은 방 같은 공간이지만 그렇다고 완전히 폐쇄된 것은 아니다. 멀티 모드 식당에 모인 사람들의 웃음소리가 간간이 들린다. 혼밥 중에 마음이 바뀌면 슬쩍 먹던 것을 들고 합류하면 된다.

싱글 모드와 멀티 모드를 쉽게 오갈 수 있는 공용 식당이 있다면 공동체 스트레스가 줄어들지 않을까?

◆

혼자이고 싶은 날을
위한 공간

        맹그로브 1층 카페에 앉아 밀린 업무를 하다 보니 밤 10시가 넘어가고 있었다. 현수는 세탁기에 넣어둔 빨래가 생각나 공용 세탁실로 내려갔다. 주방 뒷문과 통하는 세탁실에는 입주자들이 함께 사용하는 세탁기와 건조기가 세 대씩 나란히 설치되어 있다.

    세탁실은 평일 밤의 여유를 즐기기 좋은 곳이다. 사람들로 붐비는 주말을 피해 빙글빙글 돌아가는 빨래를 한가롭게 바라보고 서 있는 것도 나쁘지 않다. 그때 엘리베이터에서 한 입주자가 내렸다. 복도에서 몇 번 마주친 적이 있었는데, 매번 닭가슴살을 손에 들고 성큼성큼 걸어 다니는 다

부진 체격의 남자다.

"정식으로 인사를 나눈 적이 없어서, 속으로 '닭가슴살맨'이라고 부르는 분이었죠."

닭가슴살맨은 오늘도 어김없이 닭가슴살 두 개를 들고 주방으로 가는 중이었다. 운동을 하고 늦은 저녁을 먹을 참인 것 같았다. 그런데 엘리베이터에서 내린 그는 어쩐 일인지 주방으로 들어가는 라운지 입구가 아니라, 현수가 서 있는 세탁실로 들어왔다.

"처음에는 저처럼 세탁기를 확인하는구나 생각했죠. 그런데 알고 보니 라운지를 가로지르는 짧은 길을 피하고 세탁실을 거쳐 주방 뒷문으로 돌아가는 길을 택한 것이었어요." 현수가 설명을 덧붙였다.

"닭가슴살맨은 사람들을 피해 우회로를 사용한 거예요."

우회로를
설계한 이유

저 멀리 복도 끝에서 선생님이 걸어오면 급히 코스를 바꿔 계단으로 피해본 적이 있는지?

가벼운 눈인사도 부담스러운 날에는 사람들
을 슬쩍 피해 갈 수 있는 우회로가 필요하다.

누구와도 마주치기 싫은 날이 있다. 가벼운 눈인사조차 부담스럽고, 내 얼굴을 보여주기조차 귀찮은 날 말이다.

설계 초기에 코리빙하우스에서 살아본 경험이 있는 사람들과 인터뷰를 해보니, 이들이 공통적으로 불편해하는 점이 있었다. 다른 사람들과 함께 살면 누군가와 끊임없이 마주친다는 긴장감이었다. 우리가 설계에서 의도한 짧고 잦은 스침이 어떤 이들에게는 스트레스를 주는 요인이 될 수도 있었다.

닭가슴살맨도 같은 고민을 했을 것이다. 혼자 힘든 운동을 끝낸 후라면, 운동의 뿌듯함을 이어가며 조용히 혼자 건강식을 먹고 싶을 것 같다. 이런 경우, 사람들과 마주칠 필요 없이 눈에 안 띄고 살짝 돌아가는 우회로를 만들어주면 어떨까? 이것이 설계 과정에서 떠오른 아이디어였다.

주방으로 가는 일반적인 방법은 사람들이 모여 있는 라운지를 가로질러 가는 것이다. 여기에 길을 하나 추가했다. 세탁실을 거쳐 주방 뒷문으로 가는 우회로를 만든 것이다.

현수도 고백했다. "실은 저도 종종 우회로를 이용했어요. 빠르게 아침을 먹고 일하러 돌아가야 할 때, 라운지에 사람들이 모여 있으면 부담스럽더라고요."

혹시 '주변 사람들은 나를 외향적인 성격이라고 알지만 나에게는 내향적인 면이 있어'라고 생각한 적이 있는가? 실은 누구나 다 그렇다. 양면성은 우리의 보편적 특징이며, 때로는 어울리고 싶고 때로는 혼자이고 싶은 것이 인간에게 내재된 본성인 것이다.

밝은 빛을 향해 자라는 나무의 그늘에 부드러운 이끼가 자라듯, 연약하고 내성적인 본성을 보호할 장치가 집에는 꼭 필요하다. 우회로는 이를 위해 마련된 장치다.

조망 포인트

우회로를 설계하면서 한 가지 덧붙인 생각이 '조망 포인트'를 만드는 것이었다.

오늘은 우회로로 지나갈까? 아니면 사람들과 인사를 하면서 라운지를 지나갈까? 이 결정은 어떻게 내리게 될까?

예를 들어 생각해보자. 지친 퇴근길, 오늘은 조용히 숨어 들어가서 혼밥을 하자고 마음먹는다. 그런데 창문으로 집 안을 들여다보니 마침 친한 친구가 밥을 먹고 있다. 그러면 우리는 친구랑 인사라도 하고 들어가야겠다고 마음을 바꾼다.

반대로 마치 잔소리하는 친척 같은 이웃이 있다면 급히 우회로를 택하게 될 것이다. 사람들이 모여서 피자를 먹고 있는 자리에는 슬쩍 끼어볼까 하는 생각이 들 수도 있고, 진한 술자리가 벌어졌다면 좀 피하고 싶을 것이다.

조망 포인트는 집으로 들어가기 전, 실내의 상황을 한눈에 보고 어디로 갈 것인가를 결정할 수 있는 장소이다. 계단을 내려오면 라운지 내부가 보이도록 벽을 유리로 만들었다. 실내보다 조금 높게 바닥을 두어 한눈에 공간을 내려다볼 수 있다. 여기에 우회로와 통하는 입구를 하나 더 만들어서 원하는 길을 선택할 수 있도록 했다.

'혼자 있고 싶지만 외롭기는 싫은' 1인 가구들은 원하는 시간만큼만 커뮤니티에 참여하고 싶어 한다. 마치 스위치를 켜고 끄듯 손쉽게 참여하고 떠나는 '선택형 커뮤니티'가 있는 집이 필요하다.

"언제나 환영이지만, 부담 느낄 필요 없어." 공간이 이렇게 쿨하게 말을 걸어온다면 사람들과 어울리는 기회도 더 늘어날 것이다.

우회로와 함께 있어야 하는 것이 조망 포인트
다. 라운지로 들어가는 입구의 조망 포인트에
서는 내부 상황이 한눈에 보인다. 여기서 오
늘 저녁을 어떻게 보낼지 결정할 수 있다.

때로는 모호함이
필요하다

다만 이런 우회로와 조망 포인트를 만들 때 주의해야 할 점이 있다. 공간의 목적을 너무 노골적으로 노출하면 오히려 이용률이 떨어질 수 있다는 점이다. 모든 사람들이 우회로가 이웃들을 피해 가는 길이라고 강하게 인식하는 순간, 우회로를 이용하기가 부담스러워진다. 목적이 명백한 공간은 오히려 역효과가 난다.

맹그로브의 우회로가 신발장을 거치도록 설계한 이유가 그것이다. 신발이나 가방을 가지러 가는 척하면서 우회로로 이웃을 피할 수 있도록 했는데, 신발을 갈아 신는 동안에도 작은 창을 통해 거실을 바라보면서 이웃들과 어울릴지 말지를 결정할 수 있다.

일반적으로 좋은 디자인이란 사용자가 그 용도를 쉽게 알 수 있도록 만든 디자인이다. 어떤 스위치를 눌러야 자동차 내부의 온도가 올라가는지 어린아이라도 알 수 있게 직관적으로 만들어야 한다. 이런 '시각적 명료함'은 건축과 공간 디자인에도 중요하다. 식당 앞에 대기줄을 만들거나 병원에 환자전용 동선을 만든다면 이용자가 헷갈리지 않도록 공간 구분을 명확히 해야 한다.

하지만 어떤 공간은 용도를 모호하게 만듦으로써 이용을 활성화할 수도 있다. 함께 사용하는 라운지를 예로 들자면, '여기는 사람들과 어울리는 곳'이라고 규정되는 순간 혼자 있고 싶은 날은 얼씬도 안 하게 된다. 그만큼 타인과 우연히 어울리는 기회가 줄어든다.

실은 우리가 '오늘은 혼자 있어야지'라며 마음을 굳게 먹고 다른 사람과 만나는 일을 차단하는 경우는 별로 없다. 혼자 있고 싶다가도 흥미로운 대화가 벌어지고 있으면 슬그머니 다가가서 어울리곤 한다. 공간은 사람들의 이중성을 이해하며 마음이 바뀔 가능성을 염두에 두어야 한다. 이웃과 어울리기를 주저하는 사람에게 끝까지 선택의 기회를 놓지 않도록 하기 위해서는 명백함보다는 모호함이 필요한 것이다.

◆

냉장고 실험:
공유와 사유의 경계

　　　　퇴근길에 현수는 맹그로브 근처 마트에 들러 바
나나 두 개를 샀다. 하나는 아침에 먹으려고 챙겨두고, 나
머지 하나는 포스트잇에 '원하는 분 드세요'라는 글을 써서
냉장고에 넣어두었다. 이틀 후 냉장고를 확인해보니 아무
도 바나나에 손을 대지 않았다. 갈색으로 변해버린 바나나
를 먹으며 현수는 생각했다. 왜 아무도 가져가지 않았을까.
바나나가 오래된 것 같아서? 타인의 음식에 손을 대는 것
이 부담스러워서?

　맹그로브의 주방에는 공용으로 사용하는 냉장고가 있

다. 함께 거주하는 스물네 명이 냉장고 하나를 함께 사용한다. 생수처럼 가까이 둬야 할 음식물은 각자의 방에 있는 소형 냉장고를 이용하면 되고, 공용 냉장고는 요리하고 남은 식재료들을 넣어두는 용도로 사용한다.

혼자 사는 사람들이다 보니 마트에서 식료품을 사서 음식을 만들고 나면 남는 양이 꽤 많다. 두 개씩 포장된 양파조차 한 끼 음식을 만들고 나면 으레 한 개 반이 남는다. 이럴 때는 언제 다시 사용할지 모를 식재료를 다른 사람과 나누면 좋겠다는 생각을 하게 된다. 실제로 냉장고에는 현수의 바나나처럼, 누군가의 손길을 기다리는 음식이 몇 가지 놓여 있었다. 은주는 계란 한 판 위에 'N분의 1 하실 분?'이라는 쪽지를 붙여두었다.

"그런데 저도 실은 은주 님의 계란을 나눠 먹겠다고 생각하진 않았어요."

왠지 빚을 지는 것 같고, 그러느니 그냥 내 돈 주고 사 먹고 말지, 라는 것이 현수의 속마음이었다고 한다.

"함께 사는 사람끼리 편하게 식료품을 나눌 수 있는 방법이 필요하다고 생각했죠."

다음 날 현수는 다이소에서 플라스틱 박스를 사 왔다. 그리고 그 위에 '셰어 박스: 남는 식재료를 넣고 자유롭게 가져가세요'라는 메시지를 써 붙이고 냉장고에 넣어두었다.

현수는 그날 저녁에 요리하고 남은 양파를 잘 포장해서 그 박스에 넣어두었다. 이렇게 해서 나중에 우리가 '냉장고 실험'이라 부르게 된 현수의 관찰 실험이 시작되었다.

실험의 가정은 이랬다. 타인의 물건에 손을 댄다는 것은 심리적으로 쉽지 않다. 나도 보답해야 할 것 같은 부담감도 생긴다. 차라리 공용 식료품 박스를 만들어두면 좀 더 편하게 식재료를 나누어 쓰지 않을까? 요약하자면, 냉장고 안에 공용의 영역(박스)을 만들어 명확한 룰을 정해두면 물건을 쉽게 공유하리라는 예상이었다.

다음은 냉장고 실험의 진행 상황을 기록한 내용이다.

실험 첫째 날:

퇴근을 하고 냉장고를 확인해보니 아무도 셰어 박스 안의 양파를 사용하지 않았다. 오늘 사 온 대파의 일부를 랩으로 감싸서 박스에 추가했다. 식재료에 유통기한이 표시되지 않으면 이용을 꺼릴 수 있다는 의견에 따라 포스트잇에 날짜도 써두었다.

실험 둘째 날:

아무도 식재료를 건드리지 않았다. 내가 넣어둔 음식만 하나하나 박스에 쌓여간다. 이래서야 나의 개인 수납 박스가 되고 만다.

실험 셋째 날:

오늘도 아무도 셰어 박스를 이용하지 않았다. 식재료도 내가 넣어놓은 그대로다. 실험은 실패. 공유란 어려운 일일까?

실험 1주 차:

한동안 셰어 박스를 확인하지 않다가 퇴근하고 나서 오래된 양파와 파를 처리하려고 봤더니 박스 안에 쌈장과 토마토가 있다! 그리고 내가 넣어놓은 양파의 절반이 사라졌다. 다음 날 파프리카와 당근과 깻잎이 추가되어 있었다. 셰어 박스를 활용하는 사람들이 늘어나고 있다.

내용물이 잘 보이도록 셰어 박스를 투명한 박스로 바꾸고 버려야 할 날짜를 기록해달라는 이용 규칙도 써 붙여두었다.

분명한 경계선이
공유를 만든다

생각해보면 공용 냉장고는 맹그로브의 축소판이다. 냉장고를 하나의 건물이라 상상해보자. 입주자들은 개인 방을 임대하듯 냉장고 칸의 일부를 잠시 빌려서 개인 물건을 수납한다. 현수의 셰어 박스는 남은 식재료들이 모여 앉아 있는 공용 라운지의 역할을 한다고 볼 수 있다.

현수가 한 일은 냉장고 안에 공유와 사유의 경계선이 분명하게 보이도록 그은 것이다. 그것만으로도 사람들이 냉장고를 사용하는 방법이 조금씩 바뀌어갔다.

냉장고 실험에서 얻은 교훈은 뭘까? 공유를 활발히 하기 위해서 공유와 사유의 경계를 뚜렷이 해야 한다는 것이다. 예를 들어, '여기 다 본 책이 있으니 마음대로 가져가세요'라고 써서 내 방문 앞에 두는 것보다는 복도에 공용 책장을 마련해 누구나 책을 꽂아두고 가져갈 수 있도록 하는 편이 낫다.

현수의 냉장고 실험이 완벽한 성공으로 끝난 것은 아니었다. 셰어 박스에 식재료를 넣을 때 재료의 기한을 써달라

내 것과 우리의 것에 대한 경계가 명확해야
사람들은 안심하고 타인과 물건을 공유한다.

는 룰을 적어두었지만 이를 지키는 사람은 거의 없었다. 박스 속 음식이 상했을 때 치우고 버리는 사람도 현수뿐이었다. 냉장고에 음식이 늘어나면서 셰어 박스는 칸 어딘가로 깊숙이 밀려 들어가 보이지 않았다.

공유를 활발히 하기 위해서는 셰어 박스와 같은 아이디어도 중요하지만, 실제로 운영하면서 벌어지는 문제를 관찰하며 꾸준히 개선책을 내어놓아야 했다. 냉장고 한 칸 전체를 셰어 박스로 하면 어떨까? 밖에서 잘 보이도록 투명한 문이 달린 냉장고를 한 대 추가해서 셰어 냉장고로 활용하면 어떨까? 운영을 하면서 발견한 문제점을 하나씩 해결해나갈 필요가 있다.

공유의 문제를 일거에 해결하는 정답을 내놓기 어려운 이유는 이것이 사람의 심리와 관련되어 있기 때문이다. 의심 많은 사슴처럼 사람들은 공유된 물건을 슬쩍 건드려만 보고 쉽게 손대려 하지 않는다. 누군가가 먼저 나서서 해주기를 기다린다. 해볼 만하다는 것을 알게 될 때까지는 적지 않은 시간이 걸린다.

냉장고 실험은 그럼에도 생활 속 작은 공유를 실험했다는 데에 의의가 있다. 그것을 통해 이웃의 심리를 이해하고 발견한 문제를 보완해가는 과정이야말로 공동체의 일부가 되는 과정이다.

◆

머물고 싶은
공원의 비밀

　　네덜란드의 건축가 헤르만 헤르츠버거는 어느 강연에서 흥미로운 에피소드를 들려주었다.

　"나는 암스테르담 남부의 주택가에서 어린 시절을 보냈습니다. 당시만 해도 그곳은 자동차에 치일 걱정 없이 길거리에서 놀 수 있었죠."

　아이들이 뛰어놀기 좋은 골목이 도시에 남아 있던 시절, 그의 이웃집 대문 앞에는 둥글고 부드럽게 깎은 돌 난간이 있었다고 한다. 어린 헤르츠버거는 햇빛을 받아 따뜻해진 돌 위에 올라앉는 것을 좋아했다.

　앉으라고 만들어둔 난간은 아니었다. 앉았을 때 편안해

보이지도 않았다. 어린아이가 앉아 있다면 '위험하니 내려와!'라고 말리고 싶은 쪽에 속했다. 그럼에도 헤르츠버거는 둥그스름한 형태와 까끌까끌한 돌의 질감에 이끌려, 기어코 그 위에 올라타서 동네를 바라보곤 했다.

"70년이 지난 지금도 그곳에 앉았을 때의 느낌을 기억해요."

노년의 건축가가 엉덩이로 기억하고 있는 물체의 촉감은 그가 자신의 직업을 통해 무엇을 해야 하는지 알려주었다.

"도시에 계단 난간을 디자인할 때, 당신은 아이들이 어떻게든 그곳에 기어오른다는 것을 가정하고 있어야 합니다. 나는 언제나 '내가 만든 것을 난간으로 사용하지 않는다면 사람들이 그것으로 무엇을 할까?'라는 생각을 하며 디자인합니다."

어느 난간의 따뜻한 기억

원래 의도한 목적대로 사용되지 않지만 사람들이 더 좋은 사용법을 찾아낸 물건. 헤르만 헤르츠버거의 돌 난간이 제시하는 아이디어다. 공간이나 사물이 의도치 않게 사람들을 모으고, 대화를 하도록 하고, 함께 어울려 놀도록 만들 수 있다면, 그처럼 근사한 디자인이 또 있을까? 맹그로브에도 이런 생각으로 디자인한 부분이 있었다. 현행 건축법상 건물은 대지의 경계선에서 1미터 뒤로 물러나 지어야 했다. 이 1미터는 대지의 경계를 정리하고 도로에 여유를 주기 위해 정해진 규정인데, 이 때문에 건물의 외곽선에 1미터짜리 띠 모양의 애매한 경계가 남게 된다.

우리는 여기에 낮은 담장을 올려 사람들이 앉을 수 있는 공간을 만들기로 했다. 이 아이디어는 어렸을 때 동네에서 흔히 보던 담장에서 나왔다. 담장 아래쪽으로 살짝 튀어나온 턱에 앉아서 놀았던 기억. 아이들은 여름에는 그늘을 만들고 겨울에는 따뜻하게 데워진 시멘트 담장 아래의 턱에 앉아서 늘 재미있는 놀이를 발명하곤 했다.

우리는 이 공간을 '1미터 밴드 공원'이라고 부르기로 했다. 골목에 남아 있는 1미터 폭의 틈새에서 목적과는 달리 쓰일 수 있는 가능성을 찾고, 그것이 동네 사람들을 위한 벤치와 어울리는 모습이 되기를 바랐다. 이것이야말로 헤르츠버거의 '의도하지 않은 사용'의 적용 사례가 될 거라고 믿으면서.

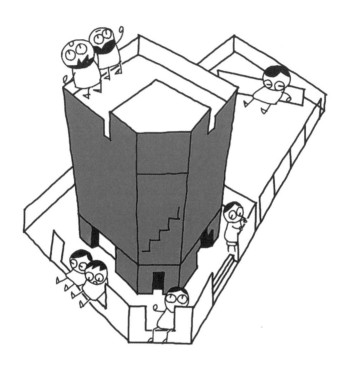

1미터 밴드 공원은 건물을 짓고 남겨진 1미터
의 틈에 사람들이 앉도록 계획한 공간이다.

건축가의 의도를 숨겨라

다시, 헤르만 헤르츠버거의 경험담을 하나 더 소개한다. 어느 날 그는 사무실 근처의 공원을 산책하다가 누군가가 베어놓고 갔는지 커다란 통나무가 잔디밭에 쓰러진 채로 방치된 모습을 보게 되었다. 뒷정리가 되지 않은 모습이 보기 좋지는 않았지만 그날은 그냥 그곳을 지나쳤다.

그런데 다음 날 가보니, 예상치 못한 일이 벌어지고 있었다. 사람들이 아무렇게나 놓인 통나무에 앉아서 이야기를 나누고 있는 것이 아닌가! 다음 날도 통나무의 인기는 여전했다. 마치 자석에라도 이끌려 모이는 것처럼 아이들과 개들이 몰려들어 뛰어놀고 있었다.

헤르츠버거의 설명에 따르면 이런 것이 '의도치 않게 발생한 커뮤니타스communitas의 공간'이다. 커뮤니타스란 사람들이 느끼는 일체감을 뜻하는 말인데, 쉽게 말하자면 계획하지도 않았는데 사람들의 마음속에 '저기서 좀 앉았다 갈까'라는 공감이 생겨났다는 얘기다.

정작 흥미로운 일은 그 이후에 벌어졌다. 어느 날 다시 산책을 나가봤더니 누군가 눕혀진 통나무를 보기 좋게 일자로 배치하고 앉기 편하도록 윗부분을 평평하게 다듬어

두었다(아마도 공원의 관리인일 것이다).

그런데 놀랍게도, 그 후로는 통나무 근처에 사람들이 모여들지 않았다.

헤르츠버거는 도시의 평범한 장면에서도 비범한 교훈을 얻는 건축가다. 이 일화에 대해 그는 건축가가 사람들에게 참여하라고 권하는 디자인을 하면 사람들은 청개구리 정신을 발휘해서 그것을 피하지만, 오든 말든 무심하게 디자인하면 사람들은 호기심을 가지고 접근한다고 생각했다. 말하자면 커뮤니타스의 공간을 만들려면 인간의 복잡한 심리를 파악해서 만들어야 한다는 것이다.

그러면 어떻게 커뮤니타스의 공간을 만들 수 있을까? 헤르츠버거는 참여의 여지를 남겨둬야 한다고 답한다.

"특정한 목적을 명시적으로 드러내는 물체는 다른 목적으로 쓰기에 적합하지 않다. 지나치게 기능에 집착한 디자인은 경직된 모양 때문에 사용자에게 스스로 해석할 자유를 주지 않는다. 사용자에게 기대하는 일과 해야 할 일, 하지 말아야 할 일을 미리 정해두기 때문이다."

무심코 쌓여 있는 나무 등걸에 우연히 앉았다가 '어, 괜찮은데?'라는 기분이 들면 사람들은 애착을 가지고 또 그

누군가 통나무를 보기 좋게 일자로 배치하고 앉기 편하도록 윗부분을 평평하게 다듬어두자 아무도 앉지 않았다.

곳에 찾아간다. "내가 숲에서 앉기 좋은 그루터기를 발견했는데 말이야"라며 자랑스럽게 친구를 끌고 가기도 한다. 이렇게 되면 참여자였던 사람들이 통나무의 주인으로 바뀐다. 헤르츠버거는 커뮤니타스를 만들려면 건축가의 의도를 너무 과도하게 보여주지 않아야 한다는 사실을 알려준다.

자연스러운 초대

헤르츠버거는 이렇게 사람들이 무언가를 하고 싶도록 끌어들이는 물체의 특성에 '초대하는 형태'라는 이름을 붙였다. 산길을 걷다 보면 왠지 모르게 그늘에서 쉬어 가고 싶은 마음이 드는 나무를 만난다. 어떤 작은 바위는 '이리 와서 앉아봐'라고 말을 걸어오는 듯한 모양을 하고 있다. 이렇듯 자연은 아무 의도도 없이 인간을 초대한다.

산책을 나갈 때마다 나를 초대하는 나무 밑에서 쉬다 보면 공간은 추억의 일부가 된다. 나무의 잎사귀가 만드는 그림자의 패턴, 그 사이로 들어오는 햇빛의 촉감 같은 감각이 우리 몸속에 저장된다. '초대하는 형태'는 공간에 대한 추억과 애정을 높이는 역할을 한다.

앞서 이야기한 1미터 밴드 공원이 그러한 공간이었다. 우리가 그린 그림은 맹그로브의 거주자들과 이웃 주민들이 공원에 앉아 있는 것이었다.

"잘 앉지 않아요."

공원에 대한 거주자들의 반응을 묻자 현수가 남의 얘기하듯 냉정하게 대답했다.

무엇이 문제였을까? 왜 우리의 1미터 밴드 공원은 실패했을까?

"1미터 밴드 공원에 있으면 지나가는 행인들이랑 눈이 마주치는데 좀 뻘쭘해요."

공원이 너무 노골적으로 길을 향한 것이 실패의 원인이었다. 살짝 가리는 담장을 두고 슬쩍슬쩍 눈이 마주치도록 했으면 어땠을까?

건축적인 초대는 굉장히 미묘하다. 조금만 어긋나도 사람들은 외면하고, 지나치게 사람을 모으려고 하면 모이지 않는다. 무덤덤하게 아닌 척하는 자연스러운 디자인을 해야 한다. 이게 몹시 어려운 일이라는 것을 실험해보고 나서야 깨달았다.

◆

도시 생활자들의
옥상

어느 여름날 저녁, 현수는 옥상에서 싱잉볼 명상 모임에 참여했다. 맹그로브의 운영자가 마련한 커뮤니티 모임이었다.

"여름밤 선선한 저녁에 옥상의 나무 데크에서 진행하는 명상은 신비롭고 매력적이었어요. 누워서 하늘을 바라보다가 눈을 감고 명상에 빠졌어요. 싱잉볼이 울릴 때마다 진동이 몸에 전달되는 것 같았어요. 15분 뒤부터 모기가 달려든 것만 빼면 모든 것이 좋았어요." 웃으면서 현수가 말했다.

옥상은 거주자들의 커뮤니티 모임을 위해서 넓은 마당

처럼 만들었다. 그리고 편하게 앉거나 누울 수 있도록 나무 데크를 깔았다.

옥상을 사용해본 현수는 조금 다른 의견을 내놓았다.

"옥상이 넓어서 커뮤니티 이벤트를 하기에는 좋죠. 하지만 이벤트가 없으면 굳이 옥상에 올라가지 않았던 것 같아요." 그러고는 이렇게 덧붙였다.

"이런 공용 시설에 살아보니 모두를 위한 넓은 공간은 그 누구의 공간도 아니라는 생각을 하게 되었어요."

함께 쓰는 공간이라도 아늑하게 나눠져 있어야 오히려 사람들이 마음을 놓고 일상적으로 사용하는 공용 공간이 된다.

모두를 위한 공간은
누구의 공간도 아니다

좋은 파티란, 처음에는 다 같이 시작해서 나중에는 두세 명씩 어디론가 사라지는 파티다.

파티가 벌어지는 모습을 상상해보라. 탁 트인 천장, 막힘 없이 널찍한 홀에 사람들이 모여든다. 처음에는 다 같이 건배를 하며 왁자지껄 떠들며 시작된다.

그런데 파티가 흘러가는 양상을 유심히 관찰해보면 밤이 깊어질수록 사람들이 삼삼오오 작은 그룹으로 흩어진다. 낮은 테이블을 중심으로 서너 명이 둘러앉기도 하고, 창문턱에 잔을 올려두고 서서 이야기를 나눈다. 목소리의 볼륨은 낮아지면서 작은 웅성임들이 공간을 채운다. 운 좋게 신호가 통한 남녀는 슬그머니 테라스로 빠져나간다.

마치 보이지 않는 커튼이 천천히 드리우면서 큰 공간이 작고 아늑한 방으로 나뉘는 것 같은 느낌이 든다. 말하자면, 파티에 적합한 공간이란 커다랗되 작게 나눠진 느낌을 받을 수 있어야 한다.

파티의 반대 선상에 회식이 있다. 한두 사람이 만들어내는 어수선함을 하나하나 정리해가면서 집단의 단합을 이뤄간다. 대화가 소그룹으로 분산된다 싶으면 "다 같이 건배!"를 외쳐서 다시 하나의 큰 덩어리로 꼭꼭 눌러 뭉쳐준다. 각자 정해진 자리에 앉아 있고 부장님이 테이블을 돌며 메신저 역할을 한다. 이런 모임에는 벽으로 둘러싸인 하나의 방이 좋다. 가운데에 있는 삼겹살 불판이 초점을 잡는다.

요컨대 중심을 향한 구심력을 만드는 공간이 회식에 적

집단의 단합을 유도하는 배치와 다양하고 많은 사람들과의 접촉을 늘릴 수 있는 배치.

합하다면 파티에는 세탁기가 회전하듯 원심력을 만들어내는 공간이 적합하다. 창문턱에 걸터앉아 이야기를 나누는 두세 명의 그룹에 속했다가, 옆에서 흥미로운 주제가 들리면 슬그머니 그쪽으로 옮겨 갈 수 있는 것이 파티다.

이렇게 되려면 공간을 작게 나누되 폐쇄적이면 곤란하다. 방금 문으로 들어서는 사람을 힐끗 볼 수 있도록 공간에 막힘이 없어야 한다. 당신은 대화 소재가 떨어진 상대를 나비처럼 가볍게 떠나 더 매력적인 사람에게 다가간다.

이렇게 해야, 동일한 시간에 더 다양하고 많은 사람들과의 접촉을 늘릴 수 있다.

공간을 나누어야
사람이 모인다

'공간을 하나로 만들되 잘게 쪼개자.'

맹그로브의 옥상 정원을 계획하며 나왔던 아이디어다. 옥상은 평평한 지붕을 가진 건축물에 보너스로 주어지는 모임 장소다. 옥상 공간을 잘 다루면 큰 힘을 들이지 않고도 거주자들이 친해지는 장소를 만들 수 있다.

하지만 싱잉볼 명상 프로그램이 열렸던 맹그로브의 옥상은 아쉽게도 처음의 구상과는 달리 넓은 데크가 있는 하나의 공간으로 만들어졌다. 많은 사람들이 참여하는 프로그램을 열 수 있는 장소가 필요해서였다. 여전히 기존의 계획처럼 옥상을 잘게 쪼갰으면 어땠을까 하는 아쉬움이 남는다.

같은 모습으로 실현되지는 않았지만 처음에 계획했던 옥상의 그림은 이렇다.

먼저 옥상의 벽을 일반적인 난간의 높이보다 높여서 하나의 큰 공간을 만든다. 벽에는 동네를 바라보는 창문도 뚫는다. 천장이 없는 실내 공간처럼 느껴지길 원했기 때문이다. 그리고 그 안에 낮은 벽을 세워서 공간을 작은 방들로 나눈다. 한두 사람이 모여서 자리를 잡으면 적합할 크기의 방이다. 벽은 코너를 열어서 막힌 듯 뚫린 공간을 만든다.

여름밤, 옥상에서 거주자들의 저녁 모임이 열린다. 테이블을 둘러싸고 고기도 굽고 술도 마신다. 시간이 흐르면 두셋씩 작은 방을 차지하고 좀 더 친밀한 대화를 나눈다. 낮은 벽의 틈 사이로 퇴근이 늦은 거주자가 옥상에 올라오는 모습이 보이면, 잔을 하나 더 챙겨서 반갑게 다가간다. 우리가 상상한 맹그로브의 여름밤 모습이다.

◆

더 나은 공간이
더 나은 삶을 만든다

현수는 기태 말고도 요리를 좋아하는 또 한 명의 입주자를 만났다.

"기태 님이 가정식 요리의 대가라면 대준 님은 오리지널 셰프예요. 굳이 비교하자면, 기태 님이 맹그로브의 백종원이라면 대준 님은 최현석 셰프의 느낌이죠." 현수는 대준이 해준 레몬 파스타를 먹고 감탄했다고 설명했다.

입주자 몇 명이 모여 상그리아를 마시며 이야기를 나누는 중이었는데, 대준이 주방에서 재빠르게 칼을 휘두르더니 함께 모인 사람들의 입을 즐겁게 해주었다. 구레나룻과 턱수염이 서로 만나도록 다듬은 대준이 조리대 앞에 서니 맹그로브의 주방이 마치 이국적인 레스토랑 같은 분위기로 바뀌었다.

"처음 먹어보는 음식이었는데, 깜짝 놀랐죠. 파스타와 레몬이 만나 음식이 되리라고는 생각해본 적이 없었거든요."

단순하면서도 깊은 맛에서 대준의 요리 내공이 느껴졌다. 현수는 대준에게 요리를 가르쳐줄 수 있냐고 정중히 물어봤다. 대준은 흔쾌하게 승낙했다.

맹그로브 주방에 선 대준은 먼저 프라이팬을 달구더니 통후추를 넣고 볶기 시작했다. 후추에서 살짝 연기가 올라왔다. 강한 열을 가해서 매콤한 향기를 뽑아내는 중이라고 대준이 설명했다.

치즈와 후추만 넣은 '카초 에 페페'라는 파스타였는데, 현수는 처음 들어보는 음식이었다. 어떤 맛일지 상상이 되지 않았다.

흑후추의 향이 기초를 깔고, 그 위에 치즈와 면수가 맛을 더하는 파스타라고, 대준이 바쁘게 손을 움직이며 설명했다. 현수의 상상은 한계에 부딪혔다. 대준은 이 요리를 외국에서 생활할 때 외국인 친구에게서 배웠다고 한다.

대준은 뜨거운 열을 품은 통후추를 단단한 나무 도마 위에 올리더니 파스타면 삶는 냄비 바닥으로 내리치기 시작했다.

"냄비로 내려치는 게 좀 멋져 보이더라고요." 현수가 당시를 회상하며 웃었다.

"가만히 구경하기도 미안하던 차라 제가 해보겠다고 했죠." 냄비 바닥에 부딪힌 후추 알갱이에서 기분 좋게 자극적인 향기가 퍼져 나왔다.

현수가 후추를 내리치는 동안 대준은 그레이터로 치즈를 갈았다. 치즈는 페코리노 치즈를 사용하되, 구하기 어려우면 파르미지아노 치즈를 사용해도 된다고 했다.

'페코리노, 어려우면 파르미지아노…….'

현수는 잘 따라가고 있다. 대준을 통해 그 어디에서도 배우기 힘든 개인 요리 강좌를 수강하고 있었다.

누구와 살 것인가

누구와 사는가가 중요한 시대가 되었다.

"제일 좋았던 시간은 1층 카페에서 기태 님, 별 님, 대준 님과 이야기할 때였어요." 맹그로브에서 좋았던 기억에 대해 물었을 때 현수가 한 대답이다.

대준으로부터 카초 에 페페의 레시피를 전수받았다. 별이 추천해준 책『평균의 종말』은 올해 읽은 가장 인상적인 책이 되었다. 기태는 넘치는 사업 아이디어를 열정적으로 설명해주었다. 이들과 한 집에 사는 경험은 맹그로브가 줄 수 있는 가장 인상적인 경험이었다.

그동안 집에 대한 우리의 관심은 어디에 사는가에 집중되어 있었다. 어느 동네에 사는지, 어떤 브랜드의 아파트에 사는지, 한강이 보이는 라인인지. 이와 같이 집의 가치를 결정하는 가장 중요한 기준은 위치였다.

함께 모여 사는 코리빙하우스에서는 그 가치의 무게가 달라진다. 지하철역이 가깝고 직장에 오가기 쉽다면, 한강뷰와 로열층이 입주자에게 큰 의미를 주지는 않는다.

대신, 그동안 생각지 않았던 관심이 하나 생긴다. 누구와 함께 살 것인가?

어차피 공용 공간을 함께 나눠 써야 한다면 괜찮은 이웃이면 좋을 것 같다. 운 좋게 취향이 비슷한 친구를 만나 뭔가 함께할 수도 있다면 더욱 좋고.

현수가 요리를 본격적으로 배우기로 마음먹은 것은 이

웃을 잘 둔 덕분이었다. 대준이 만드는 요리도 신기했지만 함께 식사하며 그의 각종 취미 생활 이야기를 듣는 것도 현수에게 즐거운 자극이 되었다.

유튜브를 열면, 카초 에 페페의 요리법은 차고 넘쳐난다. 정통 이탈리아 셰프의 동영상을 보며 배울 수도 있다. 하지만 또래의 친구가 자신의 경험을 녹여내어 알려주는 음식의 스토리, 냄비로 후추를 내려칠 때 전해지는 후각의 경험은 영상 콘텐츠가 따라올 수 없다.

괜찮은 이웃은 집 자체보다 중요할 수 있다. 현수가 맹그로브에서 발견한 가치였다.

대준의 요리 교실이 마무리 단계로 접어들었다.

"파스타는 봉지에 적힌 시간보다 4분 정도 짧게 삶아야 해요." 대준이 말했다.

봉지에 적힌 시간을 정확히 지켜왔던 성실한 현수는 마음을 바꿔먹기로 했다.

파스타를 삶는 동안 미리 갈아둔 치즈에 면수를 조금씩 부어가며 소스를 만들었다. 뜨거운 파스타가 후추, 치즈와 하나로 합쳐졌다. 파스타 한 가닥 한 가닥에 치즈와 후추가 잘 코팅되도록 부지런히 저었다. 후추는 절반을 남겨둬야 한다고 대준이 신신당부했는데, 알고 보니 먹기 직전 파스타에 얹어서 향을 최대로 끌어내기 위해서였다.

　그리고 마침내 찾아온 시식의 시간.
　"입에 넣자마자 강렬한 후추 향이 입안에 퍼졌어요." 그 맛을 떠올리며 현수가 말했다.
　후추 향 뒤에는 치즈의 고소함이 따라왔고 파스타의 오돌오돌한 식감이 뒤를 이었다. 세 가지 맛이 시간 차를 두고 카초 에 페페 삼중주에 합류했다.
　먹어보니 포인트를 알 것 같았다. 대준의 표현대로 이 음식은 향기와 맛을 차곡차곡 쌓아 올린 음식이었다. 1층에 후추가, 2층에 치즈가, 옥상에 파스타가 사는 건축물을 짓는 일이었다. 각 층의 식재료는 자신의 개성을 잃지 않고, 하나의 집에 모여 어울려야 한다.
　"요리를 배워보니, 그동안 제가 음식을 하면 맛이 제각각 따로 놀던 이유를 알았죠." 현수는 요리의 보편적 철학을 깨달았다는 듯 말했다.
　"디테일을 더해야 해요. 통후추를 연기가 나도록 가열하는 것, 냄비로 세게 내리치는 것, 후추를 반씩 나눠 넣는 것, 불을 끈 뒤 몇 분 동안 파스타를 저어주는 것. 이 작은 디테

그동안은 '어디에 사는가'가 중요했다. 하지만 이제 '누구와 사는가'가 중요한 시대가 되었다.

일이 있느냐 없느냐가 중요한 것이었어요."

이후 카초 에 페페는 현수가 가끔 친구들에게 해주는 장기 요리가 되었다.

취향 전달자들

우리의 첫 질문으로 돌아가보자. 집은 사람의 성장을 도울 수 있을까?

현수의 경험을 통해 우리는 그 실마리를 이웃의 힘에서 보았다. 현수에게 일어난 변화는 페코리노와 파르미지아노를 구분할 수 있게 된 것 이상의 가치가 있었다. 음식에 대한 깊은 이해가, 함께 먹는 음식에 대한 애정이 생겼다. 대준은 또래 이웃에게 자신의 카초 에 페페 비법을 전수할 수 있는 기쁨을 얻었다. 현수의 생각이 확장되었고 대준은 경험을 나눠주었다. 이들은 모두 배울 것이 많은 학생이자 가르쳐줄 것이 많은 선생님이었다.

자신만의 취향을 찾아가는 것에 많은 사람들이 관심을 기울이고 있다. 커피, 책, 반려동물, 운동, 향기, 글쓰기. 우리의 호기심에는 경계가 없다. 레몬 파스타와 카초 에 페페처럼 어딘가 마음을 끄는 새로운 대상과 경험이 나타나면 신나게 반응한다. 여기에 기꺼이 시간과 비용을 들일 준비도 돼 있다.

맹그로브에는 다종다양한 취향을 가진 사람들이 바로 옆방에 산다. 이들을 위해 집이 해줘야 할 일은 함께 사는 취향 전달자들이 우연히 스치고 만나는 계기를 마련하는 것이다.

과거의 부족 마을은 혈연으로 뭉친 주거 공동체였다. 할머니는 삶의 지혜를 전수했고 아버지는 사냥법을 가르쳤다. 어머니는 겨울에 채소를 저장하는 비법을 알고 있었다. 개인이 나눠 가지고 있는 소중한 경험의 총합이 곧 부족의 힘이었다.

맹그로브와 같은 코리빙하우스는 또래인 타인들이 만나 주거 부족을 이루며 성장할 수 있는 가능성을 품고 있다. 남은 일은, 이런 신新부족 마을의 가능성을 주거 사업가와 정책 결정자 그리고 집을 짓는 건축가가 이해하고 건축에 적극적으로 반영하는 것이다.

◆

혼자들의
느슨한 연결

       혼자 사는 사람들은 스스로 답을 찾아야만 한다. 우리 사회는 가족 단위를 기준으로 결혼, 출산, 육아, 주거의 제도를 마련해두었다. 반면에 혼자 사는 사람들이 어떻게 외로움에 대처하고, 어떤 모임에서 사교 생활을 하는가에 대해서 국가는 큰 관심을 기울이지 않고 있다. 영국이 '외로움 담당 장관'을 임명한 것 정도 외에는. 2018년 테리사 메이 총리는 트레이시 크라우치를 외로움 해결을 위한 장관으로 임명했다. 외로움은 우리 몸에 매일 담배를 열다섯 개비씩 피우는 것과 비슷한 해를 준다고 하는데, 국민의 대다수가 외로움이라는 담배에 중독되어가고 있는 국가적

위기 상황을 좌시할 수는 없는 것이다.

예전에는 외로움에 대한 대책이 사회적으로 마련되어 있었다. 서구에서는 종교가 삶의 가이드 역할을 해주었다. 제철 과일로 파이를 구워서 나눠 먹고, 어느 집 아들이랑 어느 집 딸이 어울린다는 이야기를 나눴다. 개인을 위한 대책이 집단 안에서 오갔다. 동양은 전통적으로 가족 제도가 그 역할을 훌륭히 담당했다.

공동체의 가치는 책을 읽거나, 학교에서 수업 시간을 정해두고 가르친다고 되는 일이 아니다. 매주 가는 교회에서 지속적으로 알려줘야 하고, 매일 저녁 가족 식사 자리에서 천천히 우리의 정신에 흡수되어야 할 것이다.

공동체를 통해 개인에게 전달되던 가치를 1인 가구들은 어디서 얻을 수 있을까?

한동안 평가절하되던 '이웃의 가치'에 우리가 눈을 돌려야 하는 이유가 여기에 있다. 비슷한 상황의 사람들이 모여 사는 집이 종교와 가족 공동체가 하던 일을 넘겨받는다면 어떨까? 사회 제도가 손대기 어려운 개인의 문제를 또래 이웃을 통해 해결할 수 있다면?

그렇게 되기 위해서는 1인 가구가 지니는 양면적 속성,

교류하고 싶은 욕구와 방해받기 싫은 마음을 이해해야 한다. 우리가 맹그로브에서 짧지만 잦은 스침을 공간의 가장 중요한 아이디어로 제안한 이유였다. 스치며 만날 수 있는 기회의 표면적을 넓혀 원할 때 부담 없이 접속하듯 다가가는 주거 공동체, 스위치처럼 필요할 때 켜고 끌 수 있는 이웃 관계를 받아주는 집을 만들자는 생각이었다.

2030세대, 인생의 이행기에 놓인 이 사람들은 비유해서 말하자면 공사 중인 건물과 같다. 스스로의 힘으로 완벽하게 설 수 있을 때까지 임시 버팀목이 건물 주변을 둘러싸고 중력의 부담을 나눠 가져야 한다. 믿을 만한 버팀목이 세워져 있다면 우리는 마음껏 경험의 폭을 늘려가며 타인과 다른 개성을 지닌 한 개인으로 성장해갈 수 있을 것이다. 이것이 주거 공동체에 기대하는 사회적 역할이다.

혼자 사는 사람들에게 남은 질문

현재 코리빙하우스는 전통적인 주거법의 범주에 속해 있지 않다. 그러다 보니 다른 주거의 틀에 짜 맞추어 합법적인 건축물로 만들어야 한다. 고시원, 다세대, 기숙사라는 범주의 주택법에 억지로 꿰맞추어야 하는 것이다. 이유가 뭘까? 법은 집의 정의를 관습적인 가족 중심 사회에 맞추고 있기 때문이다. 법이 보는 집이라 함은, 요리와 식사를 할 수 있는 주방이 있어야 하고 화장실도 있어야 한다. 그런데 코리빙하우스는 자신의 방에 주방을 두지 않는다. 법의 입장에서는 집의 요건을 갖추지 못한 것이다.

법은 요리와 식사의 개념이 변하는 것 또한 따라잡지 못했다. 많은 1인 가구들은 외식을 하거나 반조리 식품을 주문해서 먹는다. 주방이 필요 없는 사람도 있고, 주방이 있더라도 조리대보다는 저장고가 중요한 시대가 되었다.

주차장도 비슷한 문제가 있다. 법은 집의 크기에 따라 일정 비율의 주차장을 설치하도록 규정하고 있다. 이 법에 따르면 집에 산다는 것은 차를 소유하는 것과 동일한 의미다. 하지만 1인 가구 중에는 자동차를 구입할 생각이 없는 사람도 많고, 공유 자동차를 이용하겠다는 사람도 있다. 여기서 의문이 든다. 잘 사용하지도 않는 개인별 주방과 주차장을 코리빙하우스에도 설치해야 할까? 주차장 설치는 건물 시공비를 높이고, 이는 1인 가구의 임대료를 상승시킨다.

손쉬운 해결책은 코리빙하우스 같은 '1인 가구의 커뮤니티 중심의 주택'을 별도의 주거 종류로 보는 것이다. 이에 맞는 별도의 법을 마련해야 한다. 물론 법은 보편타당함이 원칙이므로 코리빙하우스만 시설의 특혜를 주는 것은 형평성에 어긋날 수 있다.

내 주장은, 주차장을 지어야 하는 부담을 경감하는 대신 코리빙하우스의 취지에 맞는 의무를 부과하자는 것이다. 취지에 맞는 의무란, 커뮤니티를 만들어내라는 것이다. 기존의 집합주택은 커뮤니티를 강제하기 어려운 구조였다. 전용률이 중요한 집에서 공용 공간을 조성해 커뮤니티를 만들라고 해봐야 귀 기울이는 사람이 드물다. 하지만 코리빙하우스에서는 개인 방을 작게 만드는 대신 공유할 수 있는 면적을 확보할 수 있다. 공유가 집을 짓는 기본이 되는 것이다. 법은 이 부분에 의무를 부과하면 된다. 사용성이 낮은 시설 대신 함께 쓰는 부분을 장려하도록 방향을 전환하기를 바란다.

오랜 기간 도시 계획가와 행정가들은 커뮤니티가 생기는 마을을 꿈꿨다. 이웃과 더불어 사는 일이 결국 사회 전체의 행복도를 상승시키고 사회적 비용을 줄일 것이라는 기대 때문이다. 그동안은 주거의 사적인 영역에서 가족들이 서로를 돌보며 살았다. 그러나 1인 가구의 증가는 그 기본 틀을 흔들었다. 1인 가구는 스스로 감당할 수 있는 정도를 넘어선 문제가 생겼을 때 돌봐줄 사람이 없다. 결국 사회가 그 책임을 떠맡게 된다. 이들이 느끼는 행복, 외로움, 건강이 모두 사회적 비용을 증가시킨다. 1인 가구의 증가는 이제 막을 수 없는 대세가 되었다. 주거 행정과 법은 이 변화를 재빨리 파악하지 못했고 현실에 뒤쳐져버렸다. 거시적으로 보면, 사적인 가족 중심의 집과 도시에서 공유 중심 도시로의 전환이 절실히 필요한 시기다.

이웃과 더불어 사는 일은 결국 사회 전체의
행복도를 상승시킨다.

맹그로브, 혼자만의 시간을 지키면서

함께 모여 사는 즐거움을

누리는 공간

맹그로브 승인

서울시 종로구 숭인동 골목에
위치한 맹그로브.

개인 방 내부에는 세면대를 설치했다.

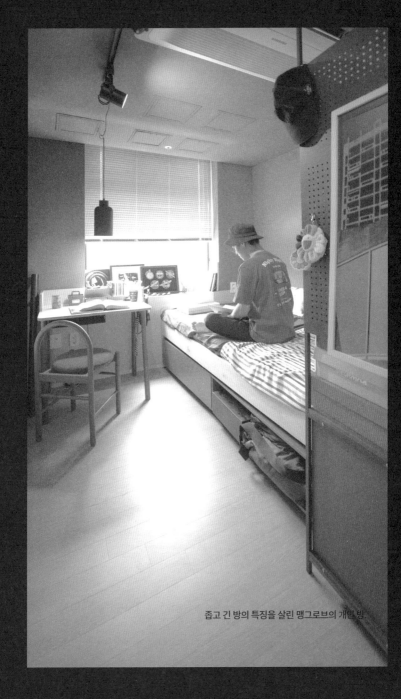

좁고 긴 방의 특징을 살린 맹그로브의 개인 방

물을 쓰는 시설을 한곳에 모아 효율을 높였다.

거주자들의 스침을 유도한 복도.

거주자들이 함께 사용하는 주방에서도
짧지만 잦은 스침이 일어난다.

혼자만의 시간을 누릴 수 있는 공간.

2

혼자 사는

기술

◆

작은 방에
대하여

현수가 맹그로브에 입주하고 몇 주쯤 지나 건축 사무소의 설계팀이 현수의 방을 구경하러 갔다. 창문이 하나 달린 3평 남짓한 작은 방인데, 침대와 수납장이 공간 안에 퍼즐처럼 꼭 들어맞도록 설계했다. 다섯 명이 둘러앉으니 마치 소형차에 차곡차곡 올라탄 것처럼 방 안에 빈틈이 없었다. 내가 개인 방을 설계하며 가장 궁금했던 질문부터 물어보았다.

"혼자 살기에 방 크기가 적당한가요?"

맹그로브의 개인 방은 일반적인 아파트의 작은 방 하나 정도에 해당하는 크기다. 코리빙하우스에서는 이런 작은 방이 하나의 독립된 집의 역할을 해야 한다. 설계를 시작하면서 이런 의문이 들었다. 하나의 방이 하나의 집 구실도 하려면 공간이 얼마나 넓어야 할까?

물론 넓으면 넓을수록 좋다. 하지만 코리빙하우스의 취지를 생각하면 방을 마냥 크게 만들 수는 없는 노릇이었다. '개인 공간을 작게, 함께 쓰는 공간을 크게' 하자는 취지 때문이다. 방의 크기를 줄여서 임대료를 저렴하게 하되 함께 쓰는 공간을 넓혀서 방이 해결해주지 못하는 부분을 보충해야 한다. 그렇다고 방이 너무 좁으면 안 된다. 감옥처럼 답답한 방은 피하고 싶었다.

설계 당시 우리는 사무실 공간을 끈으로 둘러 방 크기를 재현해보았다. 그 안에서 디자이너들과 의논해봤지만 유의미한 결과를 얻을 수 없었다. 사람마다 의견이 다르기 때문이었다. 누군가는 너무 작지 않냐고 했고, 누군가는 이 정도면 괜찮을 것 같다고 했다. 크기란 주관적인 것이고 사람마다 방의 면적에 대한 경험이 다르니 어찌 보면 당연한 일이었다.

대체 작지만 답답하지 않은 방이란 어떤 것일까?

르코르뷔지에가
설계한 방

나는 르코르뷔지에^{Le Corbusier}가 설계한 라 투레트 수도원^{La Tourette}의 작은 방을 떠올렸다.

남프랑스 리옹에 새로운 수도원을 설계해달라는 요청이 온 것은 르코르뷔지에가 건축가로서 이미 높은 명성을 누리고 있을 때였다. 의뢰자는 도미니크 수도회. 80여 명의 수도사들이 함께 먹고 자는 집을 지어달라고 했다.

가톨릭 수도사들은 청빈을 서약한 후 독신으로 수도원에 들어가 공동 노동을 하며 생활한다. 모든 수도사들은 함께 농사를 짓고, 밀랍 초를 제작하며, 수제 치즈를 만드는 일에 참여해야 했다. 공동 식당에 모여 함께하는 식사, 공동 작업장에 함께하는 작업을 깨달음을 향해 나아가는 과정으로 보기 때문이다.

이들의 모토인 '기도하고 일하라'는 각자 기도하고 함께 노동하면서 수행에 정진하라는 주문이다. 공동체 안에서 함께 생활하면서도, 수도사들이 추구하는 최종 목표인 깨달음은 각자 개인이 구해야 한다. 이런 삶을 위해 이들은 약 천 년 전부터 사회와 격리된 요새 같은 수도원을 짓고 홀로 기도하고 함께 일하며 지냈다. 수도회가 보기에 집은 한 평범한 인간을 깨달음으로 이끄는 중요한 도구였다. 당대 최고의 건축가를 찾아가서 설계를 의뢰한 이유다.

르코르뷔지에가 건물의 설계를 통해 풀어야 할 과제를 한마디로 요약하면, 어울려 살면서도 혼자인 것처럼 사는 공간을 만드는 것이었다. 어떻게 하면 어느 한쪽으로 치우침 없이 개인과 공동체가 절묘한 균형을 맞추는 집을 만들 수 있을까?

라 투레트 수도원 건물은 벌집처럼 작게 나누어진 수도사의 방을 거대한 상자 모양의 기도실과 연결해놓은 모양을 하고 있다.

이 건물에 사는 수도사들의 생활을 상상해보자.

이른 새벽, 작은 방에서 홀로 깨어난 수도사들이 문을 나선다. 안마당을 가로지르는 실내 산책로를 따라 걸어가면 동료들과 하나둘 마주치게 된다. 천장에서 아름다운 빛이 쏟아지는 커다란 상자 모양의 교회에 들어서면 마음이 웅장해진다. 개인을 위한 작은 방에서 신이 만든 거대한 우주로의 전환이 일어난다. 기도가 끝나면 공동 식당으로 가서 음식을 함께 먹으며 서로의 수행을 마음으로 응원한다.

최소한의 개인 공간과 거대한 공동 공간을 산책로를 통해 오가는 삶. 르코르뷔지에가 창조한 것은 극적으로 대조되는 두 공간의 왕복운동이었다.

현재, 라 투레트 수도원은 일반인들도 수도사의 방에서 숙박할 수 있도록 허용해준다. 직접 방문해보고 가장 놀란 점은 방의 크기가 사진으로 보며 상상하던 것보다 훨씬 작다는 것이었다.

손을 넓게 뻗으면 양쪽 벽과 천장이 스치듯 닿을 정도다. 침대도 어찌나 작은지 몸에 꼭 맞는 상자에 들어가서 자는 느낌이었다. 특이한 점이라면, 공간의 폭은 좁지만 공간의 길이가 길다는 것이었다.

첫인상은 작고 갑갑하다는 것이었는데, 온전히 하루를 머물러보니 좁다는 인상이 아늑하다는 느낌으로 바뀌었다. 거친 벽을 따라 움직이는 하루의 햇빛이 마음을 차분하게 해주었고, 방 끝에 놓인 창을 통해 방 너머로 시선이 넓어졌다.

작지만 작게 느껴지지 않는 방. 건축의 대가가 만들어낸 10.38제곱미터의 마법이었다. 솜씨 좋은 재단사가 몸의 구석구석을 측정해서 만든 옷처럼, 르코르뷔지에가 설계한 수

수도사의 방은 천장에 손이 닿을 듯 작지만
좁다기보다는 아늑하다는 느낌을 준다.

도사의 방은 '최소 공간의 원형'이라 불릴 만한 곳이었다.

공간 비율의 법칙

공간의 비율에 해답이 있다는 것을 알게 된 것은 하루 종일 방 안에서 생활을 해본 뒤였다. 침대에 누워 눈을 들면 시선은 맞은편 벽을 향한다. 벽에 큰 창과 발코니가 있어서 시선은 하늘로 확장된다. 같은 면적이라면 가로세로 길이가 비슷한 사각형보다는 한쪽 길이가 긴 방이 시각적으로 넓어 보이는 효과가 있다.

좁고 긴 방의 또 다른 장점은 방을 나누어 쓰기 좋다는 것이다. 르코르뷔지에는 방에 따로 벽을 두지 않고 가구를 이용해서 방을 나누었는데, 세면대, 옷장, 침대, 책상, 발코니 창을 긴 평면에 일렬로 세워두었다. 마치 망 주머니에 귤을 한 줄로 조르르 집어넣듯 가구와 창문을 배치한 것이다.

수도원의 작은 방에서 알게 된 교훈은 두 가지였다. 좁고 긴 방을 만들자. 그리고 긴 방향을 따라 가구를 배치하여 공간을 나누자.

아파트의 방은 대부분 가로세로 길이가 3미터에서 5미터로 비슷하다. 이런 방은 처음 볼 때는 넓어 보이지만 막상 가구를 두면 죽은 공간이 생기기 쉽다. 반면 긴 방은 가구를 일렬로 늘어놓으면 공간을 효율적으로 나눠 사용할 수 있다. 긴 가래떡을 썰어 나누는 것이 네모난 수수떡을 나누는 것보다 쉬운 것과 비슷한 이치다.

좁고 긴 방의 이점은 또 있다. 일반적인 아파트는 한 집이 전면 폭을 얼마나 차지하느냐에 따라 집의 가치가 좌우된다. 3베이, 4베이를 따지는 이유가 그것 때문이다. 여기서 '베이bay'란 외벽과 닿아 있는 거실 및 방의 개수를 뜻하는데 베이가 많아져서 더 길게 바깥 공간과 접할수록 좋은 것이다.

그러나 작은 방을 최대한 많이 만들어야 하는 코리빙하우스에서는 전면 폭을 좁혀야 더 많은 사람들이 골고루 햇빛과 바람을 실내로 들이며 살 수 있다. 좁고 긴 방이 가진 장점이다.

전면 폭이 좁고 길이가 긴 주거 형태를 흔하게 볼 수 있는 곳이 있다. 암스테르담에 가면 매우 좁은 건물들이 어깨를 맞대고 서 있다. 집이 좁은 이유는 16세기에 네덜란드

 좁고 긴 방은 건물의 전면 폭을 이웃과 골고
루 나눠 가진다는 도시 차원의 의미가 있다.

정부가 집의 너비를 기준으로 세금을 부과했기 때문이다. 정면이 넓을수록 더 많은 세금을 내야 하니 자연스럽게 좁고 깊은 집이 도시에 지어졌다.

비록 세금을 피하기 위한 목적으로 개발된 주거 형태지만 현대의 도심에서도 적용해볼 만한 아이디어다. 1인 가구가 늘어나면서 하나의 집에 여러 개의 침실이 있을 필요가 없어졌다. 그렇다면 창문을 면한 방은 하나만 두고 채광이 필요 없는 다른 공간들은 긴 방의 안쪽에 두는 것이 가능해진다. 전면 폭을 여러 사람과 골고루 나눠 가지는 것이다.

한편 고시원 등 품질이 낮은 주거가 난립하면서 다리를 뻗기 힘들 정도로 작은 방이 사회적 문제가 되고 있다. 이 때문에 작은 방은 작고 답답할 거라는 오해가 생기고 주거의 최소 면적을 법적으로 제한하기도 했다.

코리빙하우스도 비슷한 오해를 받곤 한다. 3평짜리 감옥 같은 방에 어떻게 사람이 사느냐고 무작정 분노하는 사람들도 있다. 하지만 이는 공간을 단순히 면적으로만 생각하는 선입관이 만든 결과다. 값비싼 도심 주거의 문제를 해결하기 위해서는 작은 방에 대한 섬세한 연구가 필요하다.

예를 들어, 좁고 긴 방의 천장고를 조금 높이면 소형차처

수도원에서 배운 교훈을 적용한 맹그로브의 작은 방. 긴 방에 가구를 일렬로 배치하면 낭비되는 공간을 최소화할 수 있다.

럼 공간 가성비가 높은 집을 만들 수 있다. 무작정 방의 최소 기준을 수치로 정하는 것보다는 공간의 가로세로 비례, 천장고, 채광창의 폭 등 우리가 실제로 공간에 살면서 체감하는 공간감을 기준으로 집에 대한 최소한의 기준을 정해야 한다.

나는 르코르뷔지에게 한 수 배운 바를 맹그로브의 설계에 적용했다. 좁고 긴 평면에 일렬로 가구를 배치하고 세면대 구간, 수납 구간, 침대 구간, 책상 구간으로 방을 나누었다. 작지만 갑갑하지 않은 방을 만들기 위해서는 수치상의 면적보다 방의 비율과 가구의 배치가 중요하다는 것을 60년 전에 지어진 수도사들의 방에서 깨달은 것이다.

◆

중요한 것만 남기는
비움의 기술

　　　　방의 크기에 대해 설명하던 현수가 작은 방에 살다 보니 알게 된 사실이 하나 있다고 했다.

"코리빙하우스에서는 어떤 공유 시설이 주어지느냐에 따라 내 방에 둬야 할 물건이 달라져요."

예를 들어, 건물 내에 공용 주방이 잘 마련되어 있으면 내 방에 굳이 주방이 필요 없다. 만약 공용 주방에 좋은 식기가 마련되어 있다면 굳이 개인 식기를 방에 보관할 필요가 없다. 공유 시설이 잘 갖춰져 있으면 개인 방에 둬야 할 시설과 물건의 개수가 줄어든다는 얘기다. 물건이 빠져나간 빈 자리는 작은 방에 귀한 여유 공간이 된다.

"가장 먼저 떠오르는 것이 진공청소기죠. 작은 방은 청소기 하나만 없어도 꽤 넓어지거든요."

일주일에 한두 번 사용하는 청소기는 대략 30센티미터 크기의 네모난 공간을 하루 종일 차지하고 있다. 3평 남짓한 방 크기를 생각하면 무시할 수 있는 면적이 아니다. 구급약 상자, 망치와 드라이버, 20개들이 두루마리 휴지……. 생필품이지만 평소에는 장소만 차지하고 있는 물건들을 나열해보니 목록이 점점 길어졌다.

당연한 이야기지만 작은 방을 넓게 만드는 손쉬운 방법은 물건을 줄이는 것이다. 이 단순한 해법이 코리빙하우스에서는 더 쉽게 실천 가능하다. 공유 가능한 물건은 공유 공간에 두고, 개인 방에는 여분의 공간을 확보하는 것이다. 물건을 위한 수납공간이 줄어들면 사람을 위한 행동 공간이 늘어난다. '책'이라는 물건을 줄이면 '독서'라는 여유로운 행위를 담을 수 있는 공간의 여백이 생긴다.

작아도
답답하지 않게

코리빙하우스의 개인 방을 1제곱미터 넓힌다고 생각해보자. 실내에서 보면 크게 체감되지 않는 미미한 차이다. 그러나 만약 이 면적을 건물 전체의 공용면적으로 돌린다고 생각해보면 작은 크기가 아니다. 20개의 방에서 1제곱미터씩만 빼내도 총 20제곱미터의 공용 공간이 늘어나는 셈이다. 여기서 이런 질문을 해볼 수 있다.

'개인 방을 1제곱미터 늘려서 혼자 사용하는 소파를 두는 것이 좋을까, 20개의 방에서 1제곱미터씩을 모아 공용 소파를 두는 것이 좋을까?'

사람마다 의견이 다르겠지만 코리빙하우스는 공용 소파의 손을 들어주는 쪽이다. 단, 공용으로 사용하는 대신 공유의 장점을 덤으로 주겠다고 제안한다. 거주자가 개인적으로 구입하는 소파보다 더 크고 편안한 소파를 둘 수 있고, 옆에 커다란 책장을 둬서 독서하기 좋은 분위기를 만들 수도 있다. 또한 코리빙하우스의 운영자가 소파를 늘 깨끗하게 관리해준다. 공유는 개인 방의 면적에 여유를 확보할 뿐 아니라 경험의 품질을 높인다는 장점이 있다.

작게 소유하는 대신 크게 공유한다는 생각은 단지 코리빙하우스에만 국한되는 장점이 아니다. 근래 들어 사무실, 숙소, 주방, 자동차에 이르기까지 공간과 물건을 공유하는 서비스가 증가하는 것도 소유를 줄이고 경험의 품질을 높이려는 변화를 반영한 것이다. 방이 담당하던 주거의 기능을 건물 안에서, 혹은 동네의 가까운 곳에서 공유의 형태로 이용할 수 있다면, 우리의 방은 물건을 덜어낼 수 있다. 비록 작은 방이더라도 독서, 명상, 요가 등 자신만의 의미 있는 행동을 할 수 있는 여유 공간이 생기는 것이다.

모든 물건을 의심하라

그러면 집을 차지하고 있는 물건들 중에 어떤 것을 공유하고, 어떤 것을 소유해야 할까? 작게 소유하고 크게 공유하자는 아이디어를 설계에 적용하기 위해서는 그동안 집 안에 두는 것을 당연시했던 물건들을 근본부터 의심해볼 필요가 있다. 의심의 관점은 두 가지다. 공유의 가능성이 있는가? 공유했을 때 경험의 품질이 높아지는가?

세탁기를 예로 들어보자. 빨래를 자주 하는 사람은 방에 세탁기가 있어야 편리할 것이다. 하지만 빨래를 하지 않을 때에도 가로 1미터, 세로 1미터 정도의 공간을 세탁기에 내주고 살아야 한다.

그렇다면 세탁기 공유는 경험의 품질을 어떻게 높일까? 방에서 빨래를 하지 않으면 세탁기가 돌아가면서 퍼지는 소음과 열기에서 해방된다. 방에 두기에는 부담스러운 대형 세탁기를 공유 공간에 두면 이불 빨래까지 손쉽게 할 수 있다. 코리빙하우스의 작은 방을 고려할 때, 세탁기는 공유를 통해 얻는 이익이 큰 물건이다.

조금 더 어려운 결정으로 넘어가보자. 화장실은 어떨까? 집에서 타인과 화장실을 함께 쓴다면 질색할 사람도 있을 것이다. 한밤중에 화장실을 갈 때도 불편하다. 누구나 알고 있는 이 불편함을 잠시 접어두고, 화장실을 공유했을 때 생기는 장점을 검토해보자. 화장실만큼의 공간이 내 방에서 절약된다. 작은 방 한편에서 스멀스멀 올라오던 화장실 냄새도 사라진다. 공용 화장실을 운영자가 관리해주므로 변기를 닦고 휴지를 채우는 일에서 해방된다.

샤워실은 또 어떤가. 작은 방 안에 비좁은 샤워실을 간신히 설치해놓고 축축한 습기를 참으며 생활하는 것이 나을까, 같은 층의 이웃 세 명과 함께 사용하는 대신 넓고 쾌적한 샤워실을 기분 좋게 누리는 것이 나을까?

맹그로브 설계 초기에 우리는 방 안에 두는 것이 당연했던 시설들을 쭉 나열해두고 공유를 했을 때의 장단점을 적어보았다. 세탁기, 화장실, 샤워실, 세면대, 정수기……. 목록을 들여다보면서 공유의 가능성을 점검해보니 공유를 했을 때 큰 장점을 가진 시설들 사이에 흥미로운 공통점이 있었다. 모두 물을 쓰는 시설이었다.

물을 공유하면
벌어지는 일

'마을 동洞'이라는 한자를 새겨보면 '물 수氵'와 '같을 동同'이 결합되어 있다. 마을이 생겨난 유래가 글자에 담겨 있는 것이다. 원래 마을은 우물 공동체였다. 마을의 중심에는 우물이나 개울이 있어서 사람들이 모여 식수를 긷고 빨래를 했다. 이유는 간단하다. 각자 우물을 만들려면 비용과 시간이 드니 공동으로 나눠 쓰는 것이 유리했기 때문이다.

이것은 지금도 마찬가지다. 건물을 지을 때 물을 쓰는 공간을 만들려면 비용이 만만찮게 든다. 화장실, 샤워실, 주방, 세탁실은 벽과 바닥에 파이프를 묻어야 하고 방수도 철저히 해야 한다. 한번 위치가 정해지면 바꾸기도 어렵고, 청소, 관리, 수리가 빈번하게 일어나는 곳이라 건물을 짓고 나서도 유지 비용이 든다.

설계 단계에서 떠오른 아이디어는 물을 쓰는 공간을 공유해보자는 것이었다. 편리함만 따지면 물을 쓰는 공간을 전부 개인 방에 넣는 것이 정답이지만, 건설 비용과 운영 비용의 상승을 감당해야 한다. 그리고 그 비용은 고스란히 거주자의 임대료에 반영될 수밖에 없다. 물을 쓰는 시설을 한곳에 모아 효율을 높이고 비용을 절약하자는 생각에서 나온 아이디어가 '워터팟water pod'이었다.

워터팟과
아침 인사

'팟pod'이라는 단어는 원래 '콩꼬투리'라는 뜻이다. 콩꼬투리에 조르르 들어 있는 완두콩처럼 물을 쓰는 시설을 한

곳에 배열하자는 생각이었다.

맹그로브의 2층과 3층에는 여섯 개의 개인 방이 복도를 중심으로 마주 보고 있는데, 그 복도 한가운데에 워터팟을 설치했다. 워터팟에는 화장실, 샤워실, 탈의실, 화장대가 한 쌍씩 모여 있다. 여섯 명의 거주자가 물을 사용하는 시설을 2개씩 공유하도록 한 것이다.

설계를 하며 워터팟을 사용하는 거주자들의 모습을 상상해보았다. 아침에 일어난 거주자들이 워터팟의 화장실과 샤워실을 번갈아가며 사용한다. 하루 중 워터팟이 가장 바쁜 시간이다. 샤워실, 화장실, 화장대는 각각 들어가는 문이 따로 있어서 동시에 사용이 가능하다.

개인 방에 설치된 물을 쓰는 시설은 세면대가 유일하다. 이따금 샤워실에 한꺼번에 사람이 몰리는 경우에는 방 안에서 간단한 세면과 양치질을 하면서 기다릴 수 있다.

시설의 공유를 통해 비용을 줄이자는 것이 워터팟의 핵심이긴 했지만, 우리가 은근히 기대했던 일이 또 있었다. 같은 층을 쓰는 거주자들이 출근 전 아침에 우연히 스치고 만나면서 눈인사라도 하게 되지 않을까 하는 생각이었다.

대부분의 건물에서 복도는 통과하는 동선에 불과하다.

사람들이 재빠른 걸음으로 자기 방으로 들어가버리는 '일시적 점유' 공간이다. 그저 지나쳐 가기만 하는 어두침침한 복도에서 이웃끼리 눈을 마주치고 인사할 것이라 기대하기는 힘들다. 맹그로브에서는 복도 한가운데 놓인 워터팟에서 물 관련 시설을 나눠 쓰며 이웃과 스침이 있는 아침 풍경을 만들고 싶었다.

물론 선례를 찾기 힘든 새로운 시도였기 때문에 설계 단계부터 우려가 컸다. 잠에서 덜 깬 부스스한 모습이라면 최대한 남을 피하고 싶지 않을까.

현수는 거주자들에게 워터팟 사용 경험을 물어봤다.

"서로 출근 준비를 하는 시간이 달라서인지 이용이 겹쳐서 불편한 적은 없었어요. 다만 제 경우는 워터팟을 이용하기 전에 복도에 사람이 있나 없나 살피게 돼요. 씻으러 가는 모습으로 다른 사람과 마주치면 민망하거든요."

기능은 만족하지만 스침은 민망하다는 반응이었다. 또 다른 거주자도 만족한다는 반응이었다.

"저는 크게 불편을 느낀 적 없어요. 오히려 화장실이나 샤워실을 항상 운영자가 청소해주니까 제가 할 일이 없어서 편하더라고요."

반응은 제각각이었지만, 일단 안심이 된 것은 워터팟의 기능에 대해서 큰 불편을 느끼지 않았다는 점이었다. 워터팟은 주거 기능의 공유에 대한 실험적인 시도였다. 우리가 방 안에 있어야 한다고 당연시했던 것을 뒤집어봄으로써 개인 공간을 좀 더 넓게 쓸 수 있는 가능성을 발견했다.

물을 쓰는 시설들을 콩꼬투리처럼 한곳에 모은 워터팟을 설계했다. 방 안에 있어야 한다고 당연시했던 것을 뒤집어보는 실험이다.

◆

혼자 사는 사람이
집에 원하는 것들

혼자 사는 1인 가구들을 위해 방을 설계하면서, 우리는 가상의 거주자를 설정하고 그 사람의 생활을 상상하는 방법을 사용했다. 예를 들면 이런 식이다.

대학을 갓 졸업한 취업 준비생이 있다. 맹그로브로 이사 온 그는 생각할 것도 없이 임대료가 가장 저렴한 A 타입 방을 선택했다. 방 안에 세면대만 있고, 화장실과 샤워실은 공유하는 방이지만 어차피 대부분의 낮 시간을 도서관과 카페에서 보내므로 크게 불편하지 않다.

3개월 뒤 취직을 하고 월급을 받게 된 그는 B타입 방으로 이사했다. 화장실이 방 안에 있어서 편해 보였기 때문이다. 커피 머신도 사고 좋아하는 취미 생활을 하며 방에서 느긋하게 보내는 시간이 늘어났다.

어느 날 그는 맹그로브의 주방에서 만난 입주자와 새로운 사업 아이디어에 대해 의견을 나누었다. 함께 창업을 해보자는 의견이 오갔다. 맹그로브의 C타입 방을 빌려 집중적으로 사업 계획을 짜기로 했다. 각자 독립적으로 사용할 수 있는 두 개의 방이 붙어 있는 구조인데, 두 사람의 전용 화장실과 샤워실이 방 사이에 있어서 편리하면서도 비용이 절약되는 장점이 있다.

맹그로브에 들어갈 개인 방을 설계하면서 생각한 개념은 '1인 가구의 생애 주기'였다.

개인은 출생부터 사망에 이르는 생애 동안 여러 가지 일들을 겪게 된다. 그중에는 우리가 보편적으로 겪는 입학, 취업, 결혼, 양육과 같은 큰 변화가 있는데 이런 삶의 과정을 단계별로 구분한 것이 '생애 주기life cycle'다. 예를 들어 아이를 낳아 양육기라는 생애 주기에 접어들면 소득도 더 높아져야 하고 자동차도 바꾸고 싶고 집도 넓히고 싶은 욕구의 변화가 일어난다.

그런데 1인 가구의 생애 주기는 그동안 가족을 이루고 살던 이들의 보편적인 생애 주기와 다른 특징이 있다.

욕구의 변화를 반영하기

아파트에서 주거의 유형을 구분하는 기본적인 기준은 면적이다. 일반적으로 우리는 살면서 집의 면적을 늘려가는 방향으로 나아간다. 8평 원룸에서 혼자 살다가 결혼을 하면 18평으로 이사한다. 아이를 낳으면 24평으로, 여유가 생기면 32평으로 옮겨가는 식이다. 그러다가 나이가 들어 아이들이 출가를 하면 다시 작은 면적의 집을 찾게 된다. 대부분의 삶이 가족 형성기, 가족 확대기, 가족 축소기라는 주기를 따르기 때문이다.

하지만 혼자 사는 사람은 이 방향을 따라갈 필요가 없다. 혼자 살며 눈코 뜰 새 없이 일하는 20대 1인 가구에게 집이란 잠자는 곳에 불과하다. 여행과 출장을 자주 다니는 사람이라면 넓은 면적보다는 오래 비워도 관리가 편한 집이 필요하다. 설사 더 넓은 면적을 원한다 해도 그것은 가족이나 타인을 위한 공간이 아니라 여유가 생기고 취미가 늘어나면서 사들인 물건을 둘 공간이 필요하기 때문이다.

요컨대, 1인 가구가 원하는 집이란 자신의 생활 방식이 바뀌었을 때 그것을 잘 받아줄 수 있는 집이다. 단순히 집의 면적이 늘어나거나 줄어든다고 해결되는 문제가 아니다. 집은 개인의 취향 변화, 사업 여부, 동거 가능성 등 구체적인 욕구에 대응하도록 설계되어야 한다.

1인 가구는 일반적인 가족 집단에 비해 욕구의 변화도 빠르다. 혼자만의 시간을 좋아하지만 친구들을 초대해서 홈파티를 열고 싶다는 생각을 하기도 한다. 게임기를 사들여서 한동안 열심히 하다가도 하루아침에 취미를 바꿔 모임에 나가 사람들과 러닝을 하기도 한다. 연애하는 사람이 생기고 헤어지고 다시 만난다. 이런 변화에 따라 집에 바라는 것도 빠르게 바뀐다. 어쩌면 이들에게는 생애 주기가 아니라 '상황 주기situation cycle'라는 명명이 더 적절할지도 모른다.

1인 생활자의
세 가지 선택

다만 코리빙하우스의 경우 모든 욕구에 일일이 맞춰진 수십 가지의 방을 설계하는 것은 비용이라는 측면에서 불합리하다. 그때그때 다른 1인 가구의 집에 대한 욕구를 받아내면서도 이를 몇 가지 타입으로 나누어 일반화할 필요가 있었다. 앞서 설명한 물을 쓰는 공간, 워터팟의 아이디어를 확장하자는 생각이 여기서 시작되었다.

워터팟은 모든 사람이 동의할 만한 아이디어는 아니다. 특히 화장실을 함께 쓰는 것에 거부감을 가진 사람들이 많기 때문이다. 맹그로브의 개인 방을 설계하면서, 이런 사람을 위해서 대안을 준비할 필요가 있었다. 가장 손쉬운 방법은 물을 사용하는 방식을 기준으로 여러 타입의 방을 만들어서 입주자가 스스로 선택하도록 하는 것이다. 맹그로브에서 선택할 수 있는 방은 세 가지다. 약간의 변경은 있었지만 설계 초기에 우리가 제안했던 아이디어는 다음과 같다.

A. 방에 세면대만 있고, 화장실과 샤워실은 공유하는 방
B. 방에 세면대와 화장실만 있고, 샤워실은 공유하는 방

C. 방에 세면대, 화장실, 샤워실이 있는 방

당신은 어떤 방을 선택하고 싶은가? 앞서 설명했듯 선택에는 두 가지 조건이 따라붙는다. 첫째, 공유를 많이 할수록 임대료가 저렴해진다. 둘째, 공유를 하면 경험 품질이 좋아진다. 널찍한 샤워실을 사용할 수 있고, 운영자가 청소도 해주며 휴지 같은 자잘한 물품도 제공된다. 거주자들은 자신의 소득 수준과 시설을 공유했을 때 따라오는 장단점을 비교해 방을 선택할 수 있다.

지금까지 주거 임대료는 단순히 방의 크기와 개수로 결정되어왔다. 맹그로브의 개인 방을 설계하면서 제안하고 싶었던 것은 1인 가구의 삶의 방식에 맞춘 새로운 형태의 임대료 구분법이었다. 누군가와 공간을 공유하는 대가로 당장 임대료가 절감된다는 점은 거주자들에게 합리적인 선택 기준이 될 수 있을 것이다.

A타입. 최소한의 방으로 충분한 당신은 방
안에 세면대만 설치되어 있는 타입의 방을
선택한다. 화장실과 샤워실을 공유하는 대신
임대료가 저렴해지는 장점이 있다.

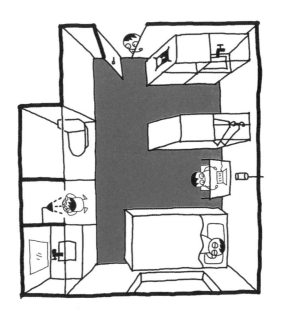

B타입. 사회 초년생이 된 당신은 방에서 머무는 시간이 길어지고 있다. 주말에는 방에 콕 박혀서 취미 생활을 하며 하루를 보낸다. 화장실과 샤워실이 있는 방으로 이사했더니 한결 편리해졌다.

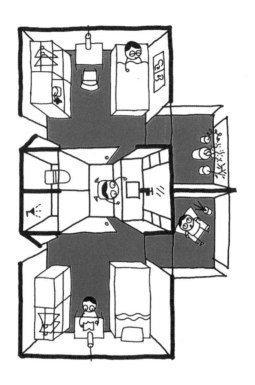

C타입. 맹그로브에서 사귄 친구와 함께 사업을 시작하기로 했다. 거의 하루 종일 회의하고 붙어 지낸다. 두 개의 방으로 분리되어 있지만 화장실을 공유하므로 주거 비용이 절약된다.

청각의
사생활

"퇴근 후, 양말 냄새를 한 번 맡아보고 빨래통에 넣는 습관을 고칠 수가 없어 고민입니다."

언젠가 라디오에서 자신의 나쁜 습관을 고백해보라고 하자 도착한 청취자 사연이었다. 사람들 대부분은 고약한 버릇이라고 눈살을 찌푸리겠지만 누군가는 오늘 저녁에도 양말을 벗은 후 반사적으로 냄새를 맡아보고 있을 것이다. 법을 어기는 것도, 반사회적 행동도 아니니 공개된 장소에서 하지만 않으면 타인에게 피해를 주는 행동이 아니다. '양말 냄새 맡기'는 이 세상에 엄연히 실재하는 누군가의 사생활이다. 그런데 왜 고민일까?

오랜만에 혼자 호텔방에서 하루를 묵게 되었을 때 샤워를 하면서 큰 소리로 노래를 불러본 적이 있는지. 평소에는 잘 하지도 않던 노래가 왜 그렇게 신나게 나올까. 아마도 사생활이 완벽히 보장되었다는 해방감 때문일 것이다.

누구도 모르는 나만의 사적인 공간에 들어가는 순간, 그동안 마음속 밑바닥에 가라앉아 있던 노래 부르기 욕구가 솟아오른다. 혼잣말하기, 벌거벗고 춤추기, 거울 보며 표정 연기하기. 이런 사적인 욕구는 마음속 어딘가에 쌓여 있다가 적당한 공간을 만나면 분출된다.

영국의 시인 로버트 브라우닝이 이렇게 말했다고 하던가.

"프라이버시와 아늑한 구석을 나에게 달라. 나는 신에게조차 잊히고 싶다."

신에게조차 잊히고 싶은 이유는 우리 모두 공감하리라. 프라이버시, 즉 개인의 사생활은 '여기가 내 집이야'라고 마음을 놓게 하는 중요한 조건이다. 프라이버시가 확보된 공간에서 우리는 완전한 휴식, 온전한 집중, 행복한 놀이의 욕구를 해소할 수 있다. 하지만 브라우닝이 외쳤듯이 문제는 누군가의 시선에서 완전히 벗어날 수 있는 아늑한 구석을 찾기가 쉽지 않다는 것이다.

당당히 양말 냄새를 맡지 못하는 이유가 뭘까. 아마도 가족 중 누군가가 갑자기 방에 들어왔다가 그 모습을 보기라도 하면 질색할 것이 걱정되기 때문이 아닐까. 막상 주변을 둘러보면 일상에서 사생활이 완벽하게 보장된 공간은 거의 없다. 조금이라도 타인에게 노출될 우려가 있으면 우리의 마음은 쪼그라들면서 자신의 행동을 검열하기 시작한다.

상대적으로 1인 가구들은 사생활의 확보가 쉽다. 양말 냄새 맡기 정도는 창문만 잘 가리면 얼마든지 가능하다. 그런데 샤워하며 3단 고음으로 노래하기는 쉽지 않다. 대부분의 공동 주거는 소음을 완벽히 차단할 수 없는 구조이므로 소리가 새어 나간다. 이런 우려가 들면 마음이 움츠러들면서 콧노래 정도로 볼륨을 낮추게 된다.

말하자면, 귀로 들리는 것들을 잘 차단하기, '청각의 프라이버시'가 사생활의 핵심이다.

건물이 완공되기 직전 현수와 함께 현장에서 방음이 잘 되는지를 테스트해보았다. 우리는 방과 방 사이의 방음이 잘 되는지를 보기 위해 각각 옆방에 자리를 잡았다. 내가 스마트폰으로 음악을 틀었다. 볼륨을 한 단계씩 높이면서 옆방에서 소리가 들리는지 확인했다. 최고 볼륨까지 높인 뒤 확인해보니 전혀 소리가 통하지 않았다. 방 사이의 방음은 성공이었다.

방과 방 사이에 벽돌 벽을 쌓고 양쪽에 방음재를 붙인 덕분이었다. 물론 건설 비용은 상승했다. 그러나 사생활 확보를 위해서라면 비용을 들일 만한 가치가 있었다. 실험까지 해봤으니 안심이었다. 하지만, 현수가 생활해보니 의외의 상황에서 소리가 새어 나가는 곳이 있다는 사실을 알게 되었다.

현수에게는 친한 이웃들이 늘어갔다. 그날 저녁에도 현수는 거주자들과 함께 식사를 하고 방으로 들어갔다. 함께 식사한 옆방의 희주와 인사를 한 뒤였다. 샤워를 하려고 샤워실로 들어갔는데 옆방의 희주도 샤워를 하러 들어갔는지 희미하게 물소리가 들렸다. 두 방의 샤워실은 서로 붙어 있는 구조다.

"방음 테스트를 했을 때처럼 벽 너머로 목소리나 음악이 들리지는 않아요. 그런데 이상하게도 샤워 물소리는 들리는 거예요." 현수가 말했다.

소음은 크게 두 가지다. 직접 공기를 통해 전해지는 소음은 비교적 차단하기가 쉽다. 충분히 방음이 된 벽을 두면 된다. 그러나 진동 소음은 그렇지 않다. 위층에서 발을 쿵 쿵 구를 때나 작은 물줄기가 타일을 때릴 때 생기는 진동은 바닥이나 벽을 통과해서 전달된다.

옆방의 희미한 물소리에 현수는 잠시 멈추고 기다렸다. 그리고 잠시 후 다시 한번 샤워실에 들어가서 소리가 나지 않는 것을 확인하고 샤워를 시작했다.

"보이는 것도 아닌데 서로 좀 물소리가 들리면 어때요?" 내가 물었다.

"글쎄요, 그렇긴 한데……. 왠지 동시에 샤워를 하면서 제 쪽 물소리가 옆방의 여성분에게 들리면 그분이 불편하지 않을까 해서요."

소리가
핵심이다

프라이버시는 우리의 사생활이 보호되느냐의 문제를 넘어 타인과의 관계에도 영향을 미친다. 내가 소음에 시달리는 것도 문제지만, 현수의 경우처럼 혹시 내 소음이 타인에게 피해를 줄까 봐 행동을 조심하게 되기도 한다. 프라이버시의 보호막에 작은 구멍이라도 보이는 순간, 우리는 스스로의 행동에 제약을 가한다.

설계 초기에 조사했던 기존 코리빙하우스 경험자의 불만도 같은 내용이었다.

"공용 공간의 소음이 방 안으로 들어간다는 것을 알게 되면, 다른 사람에게 피해를 줄까 봐 그 공간을 잘 이용하지 않게 돼요. 그래서 개인 방과 인접한 거실은 항상 휑하니 비어 있었어요."

청각의 프라이버시가 지켜지지 않으면 타인에게 줄 피해를 의식하는 바람에 만남의 가능성마저 줄어들 것이다. 맹그로브처럼 함께 사는 집에서 온전히 내 집에 있다는 프라이버시의 감각을 만드는 일이 중요한 이유다.

우리가 공간을
인지하는 감각

　　　　우리가 집에 들어와서 처음 하는 일은 뭘까? 신발을 벗는 일이다.

어려서부터 단단히 몸에 밴 이 습관은 우리가 공간을 인지하는 본능적 감각이 되었다. 쉽게 말하면, 신발을 벗으면 반사적으로 '여기서부터 내 집이구나'라는 생각이 든다는 얘기다. 맨발이 바닥에 닿는 감각과 내 집이라는 안도감이 뗄 수 없는 하나의 덩어리로 우리의 몸에 입력되어 있다.

건축가의 관점에서 흥미로운 점은 안도감을 일으키는 감각이 발의 촉각에서 비롯되었다는 사실이다.

우리가 공간을 인지하는 데 주로 사용하는 감각은 시각

이다. 눈으로 공간을 보고, 여기가 어떤 공간인지 판단한다. 옷매무새를 단정히 해야 할 곳인지 잠옷 바람으로 반쯤 누워 있어도 되는지를 시각을 동원해서 판단한다.

그래서 건축가가 하는 일은 대부분 시각과 관련되어 있다. 따뜻한 색깔의 마룻바닥을 깔고 부드럽게 벽을 타고 흐르는 조명을 설치해서, 사람들에게 '당신의 집입니다. 편안하게 쉬세요'라고 신호를 보낸다. 공간에 시각적 신호를 얹어서 얼마나 사람들의 행동을 잘 유도하느냐가 설계의 성패를 가른다.

그런데 앞서 말한 것처럼, 우리나라의 집은 실내와 실외의 경계에 촉각 신호가 중요한 역할을 한다. 신발을 벗고 집으로 들어오는 첫 발자국에 공간이 전하고 싶은 시그널을 심어둘 수 있는 것이다. 부드러운 카펫을 깔아서 편안함을 줄 수도 있고, 딱딱한 타일로 긴장감을 이어가게 할 수도 있다. 집과 발의 첫 스킨십이 어디에서 어떻게 일어나느냐에 따라 사람들은 편안한 안식처에 도착했다는 안도감을 갖게 된다.

맹그로브를 설계할 당시, 가장 길고 복잡한 토론이 벌어진 문제가 바로 이것이었다. 어디까지 신발을 신고 어디서

부터 신발을 벗도록 할까?

어디서 신발을
벗을 것인가

맹그로브의 개인 공간은 방인 동시에 집이다. 개인 공간을 나오면 다른 사람과 함께 쓰는 공용 공간이 있다. 만약 개인 방이 내 집의 경계라고 생각한다면 방에 들어가자마자 신발을 벗을 수 있는 신발장을 설치해야 한다. 그러나 건물 전체가 내 집이고 그 안에 내 방이 있다고 가정하면 건물의 입구에 신발을 벗을 공간을 만들어야 한다.

처음에는 개인 방에 신발장을 두는 것이 당연하다고 생각했다. 공용 공간 내에서는 신발을 신고 움직이다가 사적인 공간인 방이 시작되는 곳에서 발의 촉감이 바뀌는 것이 가장 합리적인 결정으로 보였다.

만약 건물 입구에서 신발을 벗어야 한다면 여러 가지 부수적인 불편이 따라왔다. 입구에 거대한 공용 신발장을 둬야 하고 실내용 슬리퍼도 마련해야 한다. 옥상 정원에서 시간을 보내기 위해서는 다시 신발을 가지러 건물 입구로 가야 하는 문제도 있었다.

하지만 긴 궁리 끝에 우리가 내린 결론은 건물의 입구에 신발장 공간을 만드는 것이었다.

"처음에는 그다지 중요한 문제가 아니라고 생각했죠. 그런데 막상 살아보니……" 현수는 설명을 이어갔다.

"신발을 신고 벗는 공간은 스침의 빈도를 만드는 일과 관계가 있었어요."

건물의 입구에서 신발을 벗는 순간 집 안에 들어왔다는 안도감이 들었고, 개인 방에서 공용 공간을 나갈 때도 신발을 신을 필요가 없으니 자주 들락거리게 되었다고 한다. 그러면서 사람들과 스치며 만날 수 있는 기회가 자연스럽게 늘어났다.

"만약 공용 주방에 가기 위해 신발을 신어야 했다면 지금처럼 편하게 자주 들락거리지 않았을 거예요. 사람들을 만나기도 꺼려졌겠죠. 왠지 모자라도 눌러쓰고 나가야 할 것 같은 느낌이 들 테니까요."

단순하다고 생각했던 신발장 문제를 요약하면 이렇다.
아파트에서는 문을 열고 들어오자마자 현관에서 신발을

건물 입구에 신발을 갈아 신는 공간을 만들어
입주자들이 서로 스치는 계기를 만들었다.

벗는다. 현관은 외부와 내부의 중간 영역 구실을 한다. 그런데 맹그로브와 같은 코리빙하우스는 이 중간 영역이 길게 늘어나 있다. 건물의 입구에서 내 방에 가는 동안 라운지, 주방, 엘리베이터, 복도를 거쳐야 하는데, 이 중간 영역에서 입주자들이 서로 스치고 대화하고 먹고 마실 수 있는 기회가 생긴다.

"실제로 입구에서 신발을 벗고 나면 굳이 방으로 올라갈 필요를 느끼지 못했어요. 바로 주방으로 가서 저녁을 준비하는 것이 더 편하니까요. 요리를 하고 저녁을 먹은 뒤, 한 시간 정도 입주자들과 어울리다가 방으로 향하곤 했죠."

신발이 알려주는
주거 철학

건물의 입구에서 신발을 벗도록 했으니 부수적인 문제도 해결해야 했다. 신발장이 가장 골칫거리였다. 입주자들이 함께 사용하는 공용 신발장을 두면 되긴 하지만 기존 코리빙하우스 건물의 사례를 조사해보니 보통 문제가 아니었다. 여러 사람의 신발이 뒤엉켜 쌓이면서 현관이

엉망으로 변했고 저녁에 돌아온 이들을 반기는 것은 언제나 괴로운 발냄새였다.

이 문제를 해결하기 위해 우리가 생각한 제안은 공용 신발장 대신 개인 신발 라커룸을 두는 것이었다. 거주자 한 명당 하나씩 배정된 신발 라커룸을 만들었는데, 목욕탕에 있는 라커처럼 좁고 긴 모양으로 디자인했다. 신발뿐 아니라 코트와 가방을 걸어두는 것도 가능한 크기다.

퇴근 후 맹그로브에 들어서면 라커룸에서 신발을 갈아신고 코트와 가방을 벗어둔다. 옷을 갈아입기 위해 개인 방으로 올라갔다가 다시 내려올 필요가 없다. 사들고 온 저녁거리를 가지고 주방으로 직행한다. 입주자들과 함께 식사한 뒤 다시 라커룸에 들러 가방을 꺼내 들고 개인 방으로 올라간다.

스침의 기회를 높여야 하는 임무를 지닌 코리빙하우스는 사람들이 중간 영역에서 내 집이라는 안도감을 받게끔 해줘야 한다. 이 중간 영역에서 발이 어떤 촉감을 감지할 것인가는 거주자들의 행동을 바꿔놓는다. 그러니 신발장 문제를 어떻게 해결했는가를 살펴보면, 주거 사업자와 건축가가 중간 영역에 기대하는 것들, 즉 이 주거 공간에서 무슨 일이 일어났으면 하는지에 대한 관점이 드러난다.

◆

우리는 몇 개의
물건을 가지고 살까?

우리는 대체 몇 개의 물건을 가지고 살까?

1990년대 미국의 사진작가 피터 멘젤^{Peter Menzel}은 이런 황당한 질문의 대답을 직접 눈으로 확인해보기로 했다. 세계 30개국으로 여행을 떠난 멘젤과 그의 친구들은 해당 국가의 '평균 가족'을 찾아갔다. 가족 구성원의 수, 소득 같은 통계상의 평균 말이다.

멘젤은 그들과 함께 일주일간 생활한 뒤 집 안에 있는 모든 물건을 꺼내달라고 부탁했다. 가구, 냄비, 이불 같은 온갖 세간이 집 앞에 쌓였다. 멘젤의 책 『우리 집을 공개합니다』는 집과 세간을 배경으로 찍은 가족사진 모음집이다.

부탄에 사는 어느 가족의 사진을 보자. 산으로 둘러싸인 고원 위에 흙과 나무를 엮어 만든 집이 덩그러니 놓여 있다. 열네 명의 가족이 꺼내놓은 세간은 그릇 몇 개와 담요, 농기구가 전부다.

반면 일본 도쿄에 사는 4인 가족의 사진은 정반대다. 주거지 골목에 위치한 2층 단독주택 앞에 세탁기, 피아노, 책, 옷, 식탁과 장난감이 산처럼 쌓여 있고, 가족들은 물건 속에 파묻혀서 잘 보이지도 않는다.

1인 생활자의 물건들

멘젤의 책을 읽다가 문득 1인 생활자에게 필요한 최소한의 물건 개수가 궁금해졌다. 현수에게 물어봤더니, 자신의 방에 있는 물건을 세어보겠다고 나섰다.

"이런 조사를 해두면 앞으로 설계할 때 참고가 되지 않을까요?"

실제로 우리는 맹그로브에 들어갈 수납장을 디자인하면서 1인 가구가 어떤 물건을 가지고 있는지 조사한 데이터가 있으면 좋겠다는 생각을 했었다. 하루 날을 잡아 현수는 자신의 방에 있는 사물을 모두 꺼내서 세어보기 시작했다.

현수가 가진 395개의 물건

의류 140개, 가구 8개, 수납상자 7개, 책 42권, 전자제품 15개, 술 7병, 식물 화분 4개, 문구 40개, 침구 10개, 화장품 14개, 가방 7개, 약품 7개, 안경 2개, 잡화 92개.

현수가 맹그로브의 개인 방에 가지고 있는 물건의 개수는 총 395개였다. 부탄의 10인 가족이 가진 물건보다 많아 보였다.

하지만 막상 현수의 방에 들어가보면 이렇게 많은 물건이 이 안에 들어 있나 싶은 생각이 들 만큼 잘 정돈되어 있다. 옷장에는 티셔츠들이 한 줄 서기로 걸려 있었고 수납장 한 칸을 비워 연초록 식물 화분을 보기 좋게 올려두었다. 현수가 매일매일 세심하게 가꾸고 매만지는 물건이었다.

현수는 성격대로 깔끔하고 미니멀한 공간을 좋아하는데, 3평 남짓한 자신의 방에 395개의 물건을 잘 배치하면 자신이 원하는 분위기에서 살 수 있다는 것을 증명하고 있었다.

물건의 개수로 보면 많다고 느껴질 수 있지만, 현수는 부탄형 1인 가구라 부를 만했다. 우리의 호기심이 계속 이어졌다. 1인 가구 중에는 도쿄형도 있을 것 아닌가? 그 사람들은 맹그로브의 방을 어떻게 사용하고 있을까?

"한 사람이 바로 떠올랐죠. 맥시멀리스트로 알려진 기태 님이요."

좋아하는 물건은 가까이에

당신이 혹시 기태와 식사를 함께하게 된다면 대화는 이런 식으로 이어질 것이다.

"창업 컨설팅 회사에서 일해요."

"영국에서 법학을 전공하고 스물한 살에 사업을 처음 시작했죠."

"신문에 기고하는 일도 하고 있어요."

"선 드라이드 토마토를 파스타에 넣으면 감칠맛이 깊어져요."

기태는 현수의 가장 즐거운 대화 상대였는데, 온갖 주제를 넘나드는 그의 폭넓은 경험 때문이었다. 마치 서랍이 여러 개 달린 찬장을 여는 것처럼 기태는 어떤 이야기가 나와도 자신의 경험으로 대화를 척척 풀어냈다. 그에게 양해를 구하고 개인 방에 들어가보니, 예상대로 기태와 딱 어울리는 방이었다.

창턱에는 하만카돈의 스피커가 놓여 있고, 벽에는 레트로 디자인의 벽시계가 걸려 있었다. 옷장의 빈 자리에는 소형 와인 냉장고를 두었다. 작은 방의 공간 틈틈이 좋아하는 물건들을 배치해두었다.

하지만 의외로 방의 분위기는 현수와 비슷했다. 깔끔하게 수납공간을 비워 여백을 만들고 물건들을 잘 보이는 장소에, 쉽게 손이 가도록 놓아둔 것이다.

현수와 기태, 미니멀리스트와 맥시멀리스트를 추구하는 두 사람의 공통점이 있었다. 모두 아침에 눈을 뜨면 좋아하는 물건들이 먼저 보이도록 방 안에 두는 물건의 개수를 조절하고 있었다. '몇 개의 물건을 가지고 사는가?'라는 멘젤의 궁금증에서 시작된 1인 가구의 물건 개수 세기를 직접 해보니 질문을 조금 바꿔야 할 필요가 있었다. '어떤 물건을 가까이 두고 사는가?'로.

근거리 수납과
원거리 수납

현수와 기태가 방 안에 두는 물건의 양을 조절할 수 있었던 데는 숨겨진 이유가 있다. 설계 단계에서 결정한 것인데, 복도에 별도의 개인 수납장을 하나씩 더 두었기 때문이다. 입주자들은 두 종류의 개인 수납장을 가질 수 있는데, 방 안에 있는 근거리 수납장과 복도에 있는 원거리 수납장이다.

근거리 수납장에는 식물, 스피커같이 방 안에 두고 싶은 물건을 수납한다. 자주 쓰지 않는 물건은 원거리 수납장에 둔다. 계절에 맞지 않는 옷, 이불, 가끔 사용하는 여행 가방 같은 것 말이다.

피터 멘젤은 가족사진을 통해 우리가 얼마나 물질적인 세상에 살고 있는지 보여주었다. 도쿄의 가족사진은 마치 집의 주인이 사람이 아니라 물건인 것처럼 보인다. 부탄의 가족사진처럼 집의 진짜 주인이 되기 위해서는 집을 가득 채운 물건을 덜어내야만 한다. 하지만 어디 현실이 그런가? 삶이란 공간이 커지고 세간이 늘어나는 방향으로 진행

되기 마련이다.

　1인 가구가 사는 작은 방에서는 물건의 문제가 더 심각하다. 조금만 세간이 늘어나도 금방 생활에 영향을 주기 때문이다. 물건이 가득 찬 창고 같은 방에서는 우리가 자신만의 공간에서 바라는 조용한 휴식의 여백이 사라져버린다. 근거리 수납과 원거리 수납을 분리한다는 계획은 삶의 여백을 위해 자신의 방에 있는 물건의 개수를 조절할 수 있도록 하자는 생각에서 나왔다.

◆

공간의
주인이 되는 과정

현수의 방을 살펴보다가 눈에 띈 물건이 있었다. 털옷을 입고 귀엽게 웃고 있는 목각 인형 한 쌍인데 수납장의 가장 잘 보이는 칸에 놓여 있었다. 26세 싱글 남자와 전혀 어울리지 않는 이 인형의 정체를 물어보았다.

"오스트리아에 여행 갔다가 데려온 애들이에요." 현수는 마치 친구라도 소개하는 것처럼 말했다.

남자 인형의 가슴에는 하트가 달려 있고, 여자 인형은 볼이 빨개져서 미소를 짓고 있다. 신혼 커플에게나 어울릴 것 같은 인형이라 재차 사연을 물어봤다.

"길을 가다가 우연히 보게 됐는데 집으로 가지고 와야 되겠다 싶었어요."

흥미진진한 사연을 기대했으나 대화는 싱겁게 끝났다. 다른 사람에게는 별거 아닌 물건에 불과했지만, 현수 입장에서는 여행의 추억을 떠올리게 하는 중요한 물건이었다. 그리고 이런 추억을 자신의 방 한편에 진열하는 일은 공간을 온전히 내 것으로 소유한다는 의미가 있다. 이런 것을 완물玩物이라고 하는데, 가까이 두고 즐기는 물품을 말한다. 여기에 '사랑 애愛'를 붙이면 애완물이 된다. 특별히 애정이 가서 두고 보게 되는 그릇, 의자, 인형을 애완물이라 부를 수 있다.

새집에 이사 가서 짐을 정리하는 과정을 생각해보자. 짐 정리를 끝내고 한숨 돌리고 나면, 애완물을 꺼내 잘 보이는 곳에 배치하게 된다. 일본 여행에서 사 온 고양이 인형은 거실 창턱에 두고, 격언이 프린트된 액자는 침대 머리맡에 건다.

공간에서 우리가 얻고자 하는 기능적인 욕구를 해결하고 나면, 공간에 나를 표현하고자 하는 욕구가 생긴다. 개인적인 의미가 담긴 물건으로 공간을 꾸미면서 여기가 내 소유의 공간임을 확인하는 것이다.

다른 사람이 보기에는 평범하지만 자신만의
의미가 담긴 물건으로 공간을 꾸미면서 새집
을 내 집으로 완성해간다.

새집을 내 집으로
바꿔주는 애완물

　　험한 사냥을 끝낸 뒤 지친 몸을 이끌고 동굴로 돌아온 한 원시인을 상상해보라. 가족들과 푸짐하게 저녁을 먹은 후 바닥에 눕는다. 눈앞에 동굴의 빈 천장이 보인다. 하루 종일 쫓아다녔지만 끝내 사냥에 실패한, 뿔이 유난히 길고 아름다운 황소가 떠오른다. 빈 벽은 나에게 무언가 표현해달라고 말을 거는 것 같다.

　1만 5천 년 전 스페인 알타미라의 동굴에 살던 사람들은 숯과 색깔을 내는 돌로 소, 사슴, 멧돼지의 형상을 그렸다. 동굴을 찾아온 손님이 아마도 이렇게 묻지 않았을까? 밖에 나가면 질리도록 볼 수 있는 뻔한 동물들을 그린 이유가 뭐냐고. 사냥을 더 잘하게 해달라는 주술적인 의미가 담겨 있다는 설도 있다. 하지만 빈 벽을 보면 무언가로 채워 넣고 싶은 본능은 우리의 마음에 내재된 속성이다.

　현수의 목각 인형도 마찬가지다. 오스트리아의 관광 기념품 가게에 가면 비슷비슷한 인형 수십 개가 선반을 채우고 있을 것이다. 흔하디흔한 이 물건이 현수의 방 선반에 놓이는 순간, 잘츠부르크를 걷던 추억을 떠올리게 하는 특별한 상징물이 된다.

우리는 꾸밈욕欲을 가지고 있다. 공간에서 편리함과 안전에 대한 욕구가 충족되고 나면, 자신을 표현하고 싶은 욕구가 발동한다. 한 평도 안 되는 사무실 책상 위에 스타워즈 피규어를 올려놓고 나서야 비로소 '여기는 내 공간'이라는 확신이 드는 것이다.

바꿔 말하면, 어떤 공간에 개인적인 꾸밈의 흔적이 있다면 그것은 공간의 주인이 그곳에 잘 정착했다는 증거라 볼 수 있다.

'꾸밈욕'을 위한
건축적 해결책

내 집을 내 취향에 맞게 꾸미고 싶어 하는 사람이 늘고 있다. '월세방 인테리어하는 법'을 소개하는 글이 인기를 얻고, 어떻게 하면 집주인이 붙여놓은 우울한 백색 벽지에 나의 취향을 담은 액자를 걸 수 있는지 알려준다. 꾸밈을 통해 남의 집을 내 집으로 바꾸고 싶은 욕구가 반영

된 결과다.

　여기서 중요한 것은 나만의 의미가 담긴 물건을 내 손으로 꾸미는 '과정'이다. 호텔방 침대 머리맡에 걸려 있는 유명한 그림보다 관광지에서 구매해 냉장고에 따닥따닥 붙여놓은 1달러짜리 마그넷이 훨씬 의미가 있는 것이다.

　우리가 어떤 공간을 내 소유라고 확인하기 위해서는 꾸밈을 통해 공간을 개인화하는 과정이 필요하다. 월세방에서도 나의 흔적을 남길 수 있는 손쉬운 방법이 필요하다. 그러나 여기에는 두 가지 장애물이 있다. 인테리어 비용과 집주인의 눈치가 그것이다. 내 집도 아닌데 돈을 들여 꾸며야 할까? 그러다가 집주인이 원상복구해달라면 어쩌지?

　그러다 보니 내 집을 소유할 때까지 참으며 자기표현의 욕구를 뒤로 미룬다. 이런 욕구를 건축설계 단계에서 집에 반영하면 어떨까? 벽지를 새로 바르거나 조명을 교체하지 않고도 개인의 꾸밈욕을 만족시켜줄 방법이 없을까?

　꾸밈욕을 건축의 일부로 미리 마련해둔 예가 있다. 일본의 전통 다실茶室에서 볼 수 있는 도코노마床の間가 그것인데, 방의 일정 부분을 할애해서 바닥을 높이고 벽을 움푹 들어가게 했다. 집의 주인은 도코노마에 좋아하는 그림을

걸고 계절감이 있는 꽃을 꽂아서 장식한다. 그리고 손님을 초대해서 도코노마 앞에 앉히고 차를 마시며 내 방의 풍경을 완성한다. 도코노마를 통해 개인적인 의미가 담긴 공간의 초점을 완성하는 것이다.

서양에서는 맨틀mantel이라고 부르는 벽난로 상부의 장식 선반이 그 역할을 했다. 바닥 난방을 하지 않는 주택에서는 벽난로가 사람들을 모으는 공간의 중심이 된다. 튀어나온 벽난로의 상부는 자연스럽게 물건을 올려두기 좋은 선반이 되고, 굴뚝이 지나가는 빈 벽은 무언가를 걸 수 있는 배경이 된다. 시선이 모이는 이 빈 공간에 꽃, 액자 같은 장식을 하면 눈이 즐거워진다.

원룸과 작은 방에 도코노마와 벽난로를 설치할 수는 없으므로 우리의 실정에 맞는 꾸밈의 기회를 찾아야 한다. 도코노마와 벽난로의 공통점은 공간에서 시선이 자연스럽게 모이는 위치에 놓인다는 것이다. 우리가 사는 공간에 적용해보면, 현관문의 손잡이 근처, 방에 들어서자마자 보이는 벽, 창문 주변 같은 곳이다. 여기에 애완물을 두거나 액자를 쉽게 걸 수 있는 빈 벽과 선반을 마련해두는 것만으로도 거주자가 스스로 공간에 애정을 불어넣도록 할 수 있다.

취향을 위한 수납장

코리빙하우스도 월세방과 마찬가지로 거주자가 짧은 기간 동안 임대해서 사용하는 공간이므로 자신의 취향에 따라 공간을 꾸미기가 어렵다. 운영자에게 허락도 받아야 하고, 임대한 공간에 내 비용을 들이는 것도 좋을 리 없다.

그렇다면 임대로 사용하는 개인 방에서 어떻게 꾸밈욕을 해소할 수 있을까? 현수는 이미 그 방법을 찾아냈다. 수납장을 활용하는 것이다. 맹그로브의 수납장은 문을 달지 않은 오픈형으로 맞춤 제작했는데 여기에 목각 인형과 좋아하는 소품을 올려두고 전시대처럼 활용하는 것이다.

오픈형 수납장의 디자인 아이디어는 우리나라 전통 가구인 사방탁자四方卓子에서 나왔다. 네 개의 기둥과 받침대로만 이루어진 사방탁자는 이름 그대로 벽 없이 사방이 트여 있는 형태이다. 공간의 주인은 이 사방탁자의 받침대 위에 도자기나 책 같은 자신의 애완물을 올려두고 감상했다. 사방탁자는 수납과 전시가 결합된 가구로, 아래에는 문을 달아 보관하고 싶은 물건을 넣어두었다. 나는 이 사방탁자를 현대화한 가구를 배치해서 코리빙하우스의 개인 방에서도 꾸밈욕을 만족시켜주고자 했다.

  누구나 비슷비슷한 방에 사는 익명의 시대에, 공간을 꾸미는 행위는 우리의 자존감을 높여준다. 집은 자신의 취향을 표현함으로써 공간을 온전히 소유해보는 기회를 제공해야 한다. 애완물을 보기 좋게 놓을 수 있는 오픈 선반, 꽃병을 올릴 수 있는 창턱, 못을 박을 필요 없이 액자를 쉽게 걸 수 있도록 만든 벽처럼, 꾸밈의 가능성을 열어주는 공간의 디테일이 개발되어야 할 이유다.

꾸밈욕을 자극하는 1인 가구 수납장. 상단에는 전통 사방탁자(왼쪽)처럼 기둥과 받침대만 둬서 좋아하는 물건을 전시할 수 있도록 했고, 하단에는 상자를 두고 잡동사니를 넣어두게끔 했다.

◆

빛이 만드는
공간

"개인 방에 펜던트 전등을 하나씩 달아준 것, 별거 아니라고 생각했는데 거주자들이 좋아하더라고요."

현수는 수시로 맹그로브의 거주자들과 이야기를 나누며 살아보니 마음에 드는 것이 무엇인지를 물어봤다. 5층의 거주자인 별은 자신의 방에서 재택근무도 하고 있었는데, 책상 위에 설치한 펜던트 전등이 좋다고 했다.

앞서 살펴본 것처럼, 맹그로브의 개인 방은 공간이 하나로 트여 있다. 침대, 책상, 수납장이 한 공간에 놓여 있는 이런 원룸형 공간에 살아본 사람이라면 알겠지만, 방 안에서 공부나 일을 하기가 쉽지 않다. 왠지 집중이 잘 안 되고 마음이 어수선하기 때문이다. 잠깐 일하다가 눈을 돌리면 바로 눈앞에 침대가 보이는데, 마치 '이리 와서 좀 누웠다 해'라고 방해를 하는 것 같다. 어수선한 옷장은 정리 좀 하라고 소리 지르고, 냉장고는 뭘 좀 꺼내 먹으라고 유혹한다. 책상 정리하고 간식 챙겨 먹다 보면 어느새 시간이 훌쩍 지나가 있다.

공간이 한눈에 들어오는 원룸에서는 수많은 '시각적 소음'이 훼방을 건다. 문제는 공간을 나누는 가리개나 벽을 세우기에는 작은 방에 공간적 여유가 없다는 것이다.

조명이 만든 벽

어떤 해결책이 있을까?

작은 공간에서 주변의 시각적 소음을 잠재우는 가장 효과적인 방법은 조명을 이용하는 것이다. 조명은 빛으로 가상의 벽을 만들어준다. 어두운 레스토랑에서 테이블에 놓인 촛불은 반경 1미터의 동그랗고 부드러운 벽을 만들어내고, 사랑에 빠진 두 사람이 서로만 바라보며 식사하도록 만든다. 촛불 하나가 레스토랑 안에 작은 영역을 만든 것이다.

191

맹그로브에 펜던트 전등을 설치한 이유도 그것 때문이었다. 조명을 천장에 붙여 달면 빛이 넓게 퍼지면서 효율적으로 방을 비추지만, 방의 시각적 소음이 전부 눈에 들어온다. 반면, 끈을 달아 높이를 낮춘 펜던트 전등은 작은 영역을 만들어낸다. 책상을 그 영역 안에 두면 독서를 위해 별도로 마련된 공간이 생긴다. 조명 하나만 잘 써도 공간을 아늑하게 나누는 효과를 얻을 수 있다.

공간은 우리의 심리에 큰 영향을 미친다. 집중해서 일을 하고, 편안하게 휴식하는 데는 각각에 맞는 공간이 필요하다. 물론 방이 여러 개 있는 집이라면 침실은 안정감 있게, 서재는 창의력이 솟아나도록 꾸미면 된다.

그러나 쉬고 일하는 것을 하나의 공간에서 해야 하는 원룸에서는 그때그때 필요에 따라 공간이 변신을 해줘야 한다. 조명이 이럴 때 활약을 한다. 침대 영역과 책상 영역에 별도의 조명을 설치하면 취침과 업무에 각각 적합한 분위기를 만들 수 있다. 디머dimmer라 불리는 빛 밝기 조절 스위치를 달면 저녁 무렵 혼밥을 하는 내 방이 분위기 좋은 레스토랑으로 바뀔 수 있다.

세심한 편의 장치들이 달려 있는 소형차처럼, 작은 방일

수록 별것 아니지만 생활에는 큰 만족감을 주는 디테일을 생각해야 한다.

가구와 조명의 효과

내 방에서 일하기 어려운 이유가 또 있다.

우리가 사는 집은 대부분 천장의 높이가 상대적으로 낮은데, 이런 공간은 창의적인 작업을 하는 데 적합하지 않다. 인간은 공간의 높이에 의해 쉽게 감정이 좌우되곤 한다. 머리 위로 높고 푸른 하늘이 있으면 새로운 상상력이 날아오르지만, 구름이 깔려 하늘의 높이가 낮아지면 우울함에 빠진다.

천장이 높은 공간이 좋다는 것은 누구나 동의하는 사실이다. 하지만 현실적인 이유로, 천장이 높은 공간에 사는 것은 쉽지 않다. 천장이 높아질수록 건축 비용과 임대료가 비싸지기 때문이다.

이럴 때, 낮은 공간을 높게 쓸 수 있는 방법이 있다. 천장을 높일 수 없다면, 우리의 자세를 낮추는 것이다. 내가 맹그로브의 개인 방에 낮은 의자와 책상을 두도록 권한 이유가 여기에 있다.

우리가 일을 할 때 사용하는 책상의 높이는 80센티미터 정도이고 의자는 50센티미터 정도다. 책상과 의자를 10~15센티미터 낮추어 앉으면 천장의 높이가 그만큼 높아진다. 가구로 공간이 가진 한계를 보완하고 교정하는 것이다.

우리가 가구와 조명을 고르는 기준을 생각해보면, 그것이 가진 기능이나 심미적 특성 때문이다. 4인용 식탁이라는 가구의 기능 혹은 모던한 형태의 의자라는 심미적 특성이 가구를 고르는 기준이 된다.

하지만 공간의 보완이라는 관점에서 보면, 가구는 새로운 임무를 부여받는다. 너무 넓은 공간을 작게 나누고 너무 낮은 천장을 높이며 너무 긴 공간을 알맞게 줄인다. 가구와 조명을 통한 보완의 장점은 벽과 천장을 새로 만드는 공사를 할 필요가 없다는 데 있다. 갑자기 한 달간 재택근무를 하게 되었다든가 독서가 하고 싶어 서재가 필요해졌을 때, 가구와 조명의 공간 교정 효과를 이용하면 원하는 공간을 가질 수 있다.

공간을 바꿀 수 없다면 조명과 가구를 바꾸
자. 낮은 의자는 천장을 높이고, 펜던트 전등
은 공간에 벽을 만들어준다.

◆

나답게 살면서
외롭지 않기

혼자만의 공간은 인류 역사에 크게 공헌했다. 만유인력은 사과나무 아래 놓인 벤치에 혼자 앉아 있던 뉴턴에게 발견되었다. 보리수나무 아래에서는 불교가 태어났다. 제행무상의 진리는 학술대회에서 떠들썩한 토론 끝에 나온 결론이 아니라, 궁궐을 버리고 떠난 한 왕자가 침묵 속에서 발견한 깨달음이었다. 그리고 건축가 르코르뷔지에는 카바농cabanon이라는 작은 통나무집에서 새로운 건축과 도시에 대한 상상력을 펼쳐냈다.

'너 자신을 알라', '합창 교향곡', '상대성 이론'이 이런 개인의 사색 속에서 나왔다. 인류는 도로를 뚫고 학교를 세우고 시장과 광장을 만들어 서로 교류하며 발전을 이뤘지만, 결국 그 모든 일이 벌어진 이유를 근원까지 따라가보면 한 개인이 자신의 공간에서 작은 씨앗을 틔웠기 때문이다.

혼자만의 방, 사생활이 보호되고 나의 개성으로 꾸밀 수 있는 공간을 가지는 것은 그래서 중요하다. 우리는 어떤 순간이 되면 타인과의 교류에 일시정지 버튼을 누르고 자기만의 방에 앉아 빈 종이 한 장을 응시해야 한다. 그리고 거기에 조금 전 동료와 나눈 이야기를 기록하되, 종이의 끝에는 진정으로 내가 원하고 하고 싶은 일이 무엇인지를 적어야 한다. 우물의 깊은 곳까지 줄을 내리고 물을 길어 올려서 무엇이 있는지를 확인해보는 시간이 꼭 필요하다.

문제는 이 일만큼은 누가 도와줄 수도, 같이할 수도 없다는 것이다. 근대 회화의 아버지 폴 세잔이 저녁마다 사람들을 만나고 다니며 그림에 대한 의견을 구했다면, "다 똑같아 보이는 사과는 그만 그리는 게 좋겠어"라는 핀잔을 들었을 것이다. 친구도, 선생님도, SNS도 도와줄 수 없다.

개성을 가진 한 인격체로 성장하는 일은 타인과는 다른 나만의 집을 짓는 일과 비슷하다. 학교와 친구와 직장은 이 집을 위한 벽돌과 목재를 공급해줄 뿐이고 재료를 하나하나 옮겨서 집을 짓는 수고는 스스로 할 수밖에 없다. 타인이 지은 집의 크기와 모양에 현혹되지 않고, 마음에서 나오는 목소리를 따라 집을 완성해가야 의미가 있다. 이렇게 되어야 오색 빛깔 매력과 개성을 가진 집들이 넘치는 마을이 완성된다.

미 타임과
위 타임

그렇다면 자신만의 개성을 찾기 위해 우리는 어떤 공간을 마련해야 할까. 현대사회에 사는 우리는 이미 혼자만의 시간을 보내는 데 익숙하다. 혼자 밥 먹고 혼자 커피를 마시며 자신만의 시간, '미 타임me time'을 보내는 것을 좋아한다. 카페의 군중 속에서 익명의 개인이 되어 테이블 하나를 자신만의 공간으로 삼아 일하고 논다. 그러나 이들이 혼자만의 시간을 보내는 식당과 카페는 대가를 지불하고 잠시 빌린 공간일 뿐이다. 자신이 온전히 주인이 된 개인 방에서는 빌린 공간에서는 할 수 없는 일, 즉, 자신의 개성을 공간에 표현할 여지가 주어져야 한다. 좋아하는 그림을 벽에 붙일 수 있도록 여백이 남아 있어야 하고, 물건을 늘어놓고 볼 수 있는 오픈형 수납장도 있어야 한다. 비록 작은 방이더라도 거주자가 참여할 여지가 필요하다.

그러니 개인의 의미 있는 물건 속에서 나를 살 수 있도록 하자. 그 과정을 통해 우리는 우리 자신을 발견하고 성장한다. 이를 위해 집이 해줘야 할 기본 중의 기본은 프라이버시를 보호해주는 것이다. 타인의 간섭과 방해에서 완전하게 차단된 방이 필요하다.

그러나 또한, 원하기만 하면 손쉽게 타인과의 접속으로 전환할 수 있어야 한다.

고독의 아이콘 쇼펜하우어에게는 개와 함께 산책할 수 있는 마인 강변이 집 앞에 있어서 참 다행이었다. 여기서 다른 사람들과 만나고 스치는 일이 일상의 루틴이었다. 몬드리안은 저녁에 맨해튼의 재즈 클럽에 가서 사람들 앞에서 춤을 췄다(춤을 너무 못 춰서 친구들은 모두 창피해했다는데, 그는 꿋꿋하게 자신의 춤을 선보였다). 그런 뒤 자신의 화실로 돌아와 재즈의 리듬처럼 선과 점이 무작위로 펼쳐지는 그림을 그렸다.

요컨대 문 안에서는 미 타임을 즐기기에 좋지만 문을 열면 곧바로 누군가와 함께하는 위 타임we time이 기다리고 있는 집이 우리에게는 필요하다. 미 타임과 위 타임의 민첩한 방향 전환이 가능한 집. 내가 상상하는 이상적인 집이다.

우리에게는 미 타임과 위 타임을 민첩하게
오갈 수 있는 집이 필요하다.

◆

우리는 스침을 통해 성장한다

2개월 후, 현수는 맹그로브에서 나와 원래 본인이 살던 원룸으로 돌아갔다. 맹그로브에서 살고 난 이후 삶이 어떻게 변화했냐고 묻자, 현수가 대답했다.

"그 집에서 나오니, 당장 하루에 발생하는 이벤트의 개수가 적어졌어요."

맹그로브에 거주할 때는 퇴근을 하고 집으로 돌아와 주방에서 요리를 하다 보면 다른 입주자들과 마주쳤다. 그리고 각자가 만든 요리를 나눠 먹으며 이야기를 나눴다. 방으로 올라가서 씻고 쉬다가 책과 노트북을 들고 1층의 카페로 내려가면 그곳에는 또 다른 누군가가 있었다. 그런데 자취방에서는 이 자잘하지만 소중한 사건들이 사라졌다. 집으로 돌아와 혼자 밥을 먹고 누워서 유튜브를 보고 친구들과 카톡을 하는 것이 전부다. 동일한 하루인데 새로운 이벤트가 발생하지 않는다. 어디서 누구와 사느냐에 따라 일상의 밀도가 달라지는 것이다. 현수는 다시 혼자 저녁 식사를 하고 침대에 누워 스마트폰을 뒤적거리는 일에 익숙해졌다. 하지만 중요한 한 가지 변화가 있었다.

"평소에 만나보지 못한 사람들과 만나 자연스럽게 대화했던 기억이 크게 남았어요. 세상에는 다양한 사람과 일이 있구나, 앞으로도 이런 사람들로 인간관계를 넓혀야겠다고 생각하게 된 것은 큰 변화였어요."

집이 사람을 변화시키는가. 나는 건축가로서 늘 '그렇다'고 확신 있게 대답해왔다. 그런데 맹그로브 관찰기를 쓰며 이 질문에 좀 더 정교하게 대답할 수 있게 되었다. 집이 품고 있는 사람들이 서로를 변화시킨다고. 그 과정에서 집은 사람들끼리 의미 있는 접촉이 일어나도록 도와주는 촉매제 역할을 한다. 그리고 시간이 지나면 살았던 집은 잊혀지더라도 사람의 기억이 남아 있는 것이다.

인생의 안내서

도서관에 처음 들어가본 어린이를 상상해보라. 아이는 세상에 이렇게 수많은 책들이 모여 있다는 사실에 놀라워할 것이다. 잘 설계된 도서관이라면 아이가 호기심을 가지고 책장으로 다가가 한 권의 책을 펼쳐 들고 편안한 자세로 책 속에 빠져들도록 만들 것이다. 독서가가 탄생하는 순간이다.

우리의 집도 그렇게 되길 바란다. 우리는 수많은 익명의 사람들에 둘러싸여 살고 있으면서도 그들 한 명 한 명이 자신만의 개성과 지혜를 가지고 있음을 간과하곤 한다. 이들의 존재에 놀라워하고 호기심으로 서로 다가가도록 만들 수 있는 집이 우리에게 필요하다.

물론 맹그로브와 같은 집은 대부분의 사람들에게 최종 목적지로서의 집은 아니다. 인생의 한 시기에 거쳐 가는 징검다리와 같은 집이다. 하지만 '주거 독립' 같은 인생의 중요한 지점에 놓인 사람에게 이런 집은 인생 안내서와 같은 중요한 역할을 담당한다. 이웃으로 만난 다양한 사람들이 자신들의 경험을 전수해줌으로써 서로의 시야를 확장해주기 때문이다. 유튜브 강의나 자기계발서를 통해서가 아니라 생생한 체험담을 통해서 말이다. 관계의 확장은 혼자 사는 사람이 얻을 수 있는 큰 수확이다.

의식주'린'

의식주. 이다음에 중요한 하나를 더 붙여야 한다면 여러분은 어떤 단어를 택하겠는가. 나는 서슴지 않고 '이웃 린隣'자를 붙이고 싶다. 다시 강조해서 말하지만 우리의 사회가 개인화될수록, 어디에 사는가만큼이나 누구와 사는가가 중요한다.

당신의 사회적 접촉면을 생각해보라. 학교 친구들, 직장의 동료들은 대부분 어떤 목적을 위한 그룹이고, 당신은 자연스럽게 그 목적에 부합하는 행동을 하게 된다. 선배, 후배, 스승, 제자 등 타인과의 관계에서 우리는 이미 행동의 제약을 받는다. 공동체라는 이름하에 이들은 뭉치고 모임을 갖는 것을 당연시한다. 빠져나가기도 눈치가 보여 쉽지 않다. 적당한 거리의 인간관계를 만드는 것은 쉬운 일이 아니다.

대신 '이웃'이라는 공동체를 장착해보자. 적당한 거리가 필요한 사람들끼리, 인근에서 꾸릴 수 있다. 너무 멀지도 가깝지도 않은 거리가 잘 조정된다면, 물리적으로 가깝되 심리적으로는 적당한 거리를 두며 서로 좋은 영향력을 미칠 수 있는 사이가 된다. 인생의 특별한 시기에 세상에 얼마나 다양한 사람이 있고 다양한 생각이 있는지를 아는 것처럼 중요한 일이 또 있을까.

어울려 살며 성장을 꿈꾸다

맹그로브 설계를 하고 나서 나는 사람들로부터 건축물의 방 크기나 배치 같은 설계 포인트를 알려달라는 요청을 많이 받는다. 하지만 그들 중 누구도 그 안에 사는 사람들이 어떤 사람들인지, 그들이 이 집에서 어떤 만남을 갖고 어떤 생활을 하는지에 대해 질문하지 않았다. 물리적인 조건을 갖춘 집을 동일하게 지으면 그 안의 사람들이 자동적으로 동일한 행동을 할 것이라고 믿는 것이리라. 하지만 현수의 입주를 통해 알게 된 것은 인간 행동의 미묘함이다. 공간, 사람, 분위기, 조명이 주는 공간 요소의 총합의 결과로 그들은 조심스럽게 대화를 시작했고 친구가 되기도 했다.

결국 설계란 사람을 중심에 두고 애정 어린 관찰을 지속적으로 해내는 일이다. 그러니 집을 다 지은 후에도 설계 작업은 계속되어야 한다. 그럴 때 집은 거주자들의 성장에 촉매제 역할을 하고, 거주자들은 서로와의 짧지만 의미 있는 스침을 통해 성장한다.

행복과 성장을 꿈꾸는 사람들이여, 여러분 인생의 어느 시점에서는 반드시 이웃을 가까이하게 해주는 집에 살아보기를 권한다. 결국 한 인간의 성장이란 자신의 관점을 확대해나가는 일이며, 관점은 타인과의 접촉을 통해, 그리고 그 경험을 스스로 내면화하는 과정을 통해 풍성해진다.

혼자 살더라도 이웃이 있는 집에서 미 타임과 위 타임을 쉽게 오갈 수 있다면 하루하루 새로워지는 자기 자신과 만나게 될 것이다. 이럴 때 맛보는 행복감은 사회적 성공이나 일의 성취에서 느끼는 찰나의 행복감보다 더 길고 깊게 여러분 존재에 전달될 것이다.

이 책을 읽고 누군가와 어울려 사는 집에서 성장을 꿈꾸는 사람들이 많아지기를 희망해본다. 서로를 성장시키

는 사람들이 살아가는 집은 질투와 경쟁으로 지치고 상
처받은 사람들을 보듬어 사회를 치유하는 힘을 발휘할
것이니까.

정성 들여 책을 만들어준 웅진씽크빅 편집부
여러분께 깊은 감사를 드린다. 실험적인 건축
설계의 기회를 준 건축주 MGRV, 그리고 이
책을 쓰기까지 설계 과정과 주거 실험에 큰 역
할을 해준 심현수 설계팀원에게 고마운 마음
을 전한다.

혼자 사는 사람들을 위한 주거 실험

초판 1쇄 발행 2022년 5월 5일

지은이 조성익

발행인 이재진   **단행본사업본부장** 신동해
편집 이혜인   **디자인** 말리북
제작 정석훈   **마케터** 최지은   **홍보** 최새롬

브랜드 웅진지식하우스
주소 경기도 파주시 회동길 20
문의전화 031-956-7208(편집) 031-956-7127(마케팅)
홈페이지 www.wjbooks.co.kr
페이스북 www.facebook.com/wjbook
포스트 post.naver.com/wj_booking
발행처 ㈜웅진씽크빅
출판신고 1980년 3월 29일 제406-2007-000046호

ⓒ 조성익
ISBN 978-89-01-25985-7 03540

※ 책값은 뒤표지에 있습니다.
※ 잘못된 책은 바꾸어 드립니다.